RENLEI YU HUANJING

本书编写组◎编

人类与环境

揭开未解之谜的神秘面纱，探索扑朔迷离的科学疑云；让你身临其境，受益无穷。书中还有不少观察和实践的设计，读者可以亲自动手，提高自己的实践能力。对于广大读者学习、掌握科学知识也是不可多得的良师益友。

WPC
世界图书出版公司
广州·北京·上海·西安

图书在版编目（CIP）数据

人类与环境/《人类与环境》编写组编．—广州：广东世界图书出版公司，2009.11（2024.2 重印）

ISBN 978－7－5100－1192－4

Ⅰ．人… Ⅱ．人… Ⅲ．人类－关系－环境－青少年读物 Ⅳ．X24－49

中国版本图书馆 CIP 数据核字（2009）第 204890 号

书　　名	人类与环境 RENLEI YU HUANJING
编　　者	《人类与环境》编写组
责任编辑	张梦婕
装帧设计	三棵树设计工作组
出版发行	世界图书出版有限公司　世界图书出版广东有限公司
地　　址	广州市海珠区新港西路大江冲 25 号
邮　　编	510300
电　　话	020-84452179
网　　址	http://www.gdst.com.cn
邮　　箱	wpc_gdst@163.com
经　　销	新华书店
印　　刷	唐山富达印务有限公司
开　　本	787mm × 1092mm　1/16
印　　张	10
字　　数	120 千字
版　　次	2009 年 11 月第 1 版　2024 年 2 月第 11 次印刷
国际书号	ISBN　978-7-5100-1192-4
定　　价	48.00 元

前言

PREFACE

自然环境是人类赖以生存的物质基础。一个人要生活在这个世界上，须臾都不能离开水、空气、阳光、森林等。有了美丽的环境才能有健康的人类和高度发达的社会文明，环境、人类和文明这三者是息息相关的。

人类的健康是和环境分不开的。据医学研究表明，优美的环境会让人身心愉悦、通体舒畅；而嘈杂、脏乱的环境则会人心烦意乱、反应迟钝、身体机能下降。所以在一些山清水秀的小山村，人们经常会看到很多快乐而又健康的长寿老人；而在环境污染较为严重的地区，人们的健康状况则让人担忧。

优美的环境不但可以让人身心愉悦，还可以治疗一些慢性疾病呢！这就是人们通常所说的环境疗法。例如，森林不但可以制造氧气，产生大量的负氧离子，让人精神振奋，还对高血压、心脏病和神经衰弱等症状有明显的疗效。鲜花不但可以美化环境，给我们的生活增添情趣，也可以用来治病。天竺花香味能使人神经安定镇静，促进睡眠，清除疲劳；米兰花香能使哮喘病人感到心情舒适；薰衣草花香可使高血压和心动过速病人减慢心率；丁香花香对牙痛病人有镇痛安静作用。

十分可惜的是，随着工业文明的迅速发展，人们现在已经很难在身边找到一块清洁之地去欣赏优美的环境了。由于煤、石油等矿物燃料的大量使用，原本干净的空气被它们排放出的二氧化碳、二氧化硫、一氧化碳等有毒、有害气体污染了，直接导致地球温室效应的发生和酸雨的危害。由于滥砍滥伐，大片的森林从地球上消失了，直接导致生态平衡被打破，大量的动植物从此灭绝了……

随着自然和生态环境的破坏，自然灾害明显地增多了，人类自身也因此而付出了惨重的代价。每年都有许多鲜活的生命因环境污染引发的各种疾病而走到终点，每年都有许多健康的躯体因生态破坏而感染各种疾病……

幸运的是，人类已经觉醒。目前，世界各国政府和人民都在想尽办法治理环境污染，保护生态平衡，为人类的可持续发展寻求出路。世界正行进在环保之路上，这需要每一个社会成员的参与。只有今天对环保付出努力，才有人类明天的健康。

人类赖以生存的环境基础

生活环境影响人类的健康

环境污染侵袭人类的健康

危害人类健康的自然灾害

人类健康与环境污染治理

世界正行进在环保之路上

人类赖以生存的环境基础

RENLEI LAIYI SHENGCUN DE HUANJING JICHU

自然环境是人类生存和繁衍的物质基础。空气、水和岩石（包括土壤）构成了大气圈、水圈、岩石圈，在这三个圈的交汇处是生物生存的生物圈。这四个圈在太阳能的作用下，进行着物质循环和能量流动，使人类（生物）得以生存和发展。

据科学测定，人体血液中的60多种化学元素的含量比例，同地壳各种化学元素的含量比例十分相似，这表明人是环境的产物。人类与环境的关系，还表现在人体的物质和环境中的物质进行着交换的关系。比如，人体通过新陈代谢，吸入氧气，呼出二氧化碳；喝清洁的水，吃丰富的食物，来维持人体的发育、生长和遗传。人与自然的这种平衡关系是人类存在和健康发展的重要基础。如果这种平衡关系被破坏了，势必危害人类的健康。

地球是人类唯一的家园

如今，全世界的人口总数已达到65亿。人口过剩使得我们赖以生存的唯一家园——地球的环境越来越恶劣了。于是人们希望能在地球以外的宇宙空

地　球

间找到适宜人类居住的其他星球，梦想着有朝一日到别的星球上去居住。现代科学技术的发展，为人类的这些梦想提供了物质基础。人类发射了宇宙飞船和探测器，去寻求地球之外的生命和能使人类居住的其他星球。

人类曾经把移民的希望寄托在月球上，因为它是离地球最近的一颗星体，只有38万千米。登上月球之后才发现，那里是一个没有任何生命的死寂世界，一切生物生存的基本条件，比如空气和水那里都没有。光是那里忽冷忽热的气温就足以致一切生物于死地（热时可高达127℃，冷时能低于－183℃）。

人类又曾把希望寄托给火星，希望火星是一个适宜生命存在的星球，可多次探测的结果，依然令人失望。火星上最冷的时候是－132℃，最热的时候是28℃。没有水，只有微乎其微的空气，且大部分是二氧化碳和氩气。如同月球一样，没有生物存在的可能。

除月球和火星外的其他星球又如何呢？到目前为止，凡是人类的探测活动所涉及的星球一律给出了否定的回答。

和其他星球一比就会发现，地球所提供给人类的生存环境的确得天独厚。地球上冷热变化不大，大部分地区冷热温差不超过80℃，最热不过50℃左右，最冷－88℃左右。有水，有氧气，有多种动植物，有矿藏，有一切适宜人类生存的基本条件和可供人类使用的自然资源。可以说，地球是人类的摇篮，是人类的母亲，是人类的家园，是人类目前唯一的生存环境。

然而，人类社会的农业文明和工业文明的沉重代价就是对地球环境的破坏：绿色植物减少，稀有动植物灭绝，人口过剩，资源锐减，水土流失，旱涝灾害交替发生，天灾横行，生态失衡。为了使人类以及地球上的其他生物免受由人类不合理的活动而带来的灭顶之灾，我们发出呐喊：保护地球，保护生态环境势在必行！

宇 宙

在汉语中，“宇”和“宙”本来是两个单独的词语。“宇”的意思是上下四方，即所有的空间；“宙”的意思是古往今来，即所有的时间。所以“宇宙”就有“所有的时间和空间”的意思。西方早期对宇宙的理解则侧重于从混沌之中产生秩序。

从东西方对宇宙的理解中，我们不难看出中国古人强调的是宇宙空间和时间的整体性，而西方人强调的则是宇宙的秩序。实际上，空间与时间的整体性以及有序的秩序性都是宇宙的特点。随着天文学的产生和发展，人们对宇宙的认识逐步清晰起来。现在，人们一般认为：宇宙是由空间、时间、物质和能量，所构成的统一体。一般理解的宇宙指我们所存在的一个时空连续系统，包括其间的所有物质、能量和事件。

影响人类生存的地球圈层

我们已经知道，地球由6个不同状态和不同物质的同心圈构成。这些层圈可分为外部层圈和内部层圈两类。地球表面以外的外部层圈有3个：环绕地球最外层的气体层圈为大气圈；地球表面的液体部分（包括海洋、湖泊、河流、地下水、冰川等）称水圈；地球表面有生命活动的层圈叫生物圈。通过近代地震探测得知，从地表往下直到地球中心的内部层也主要有三个。它犹如一个鸡蛋，最外薄层为地壳，由各种硅酸盐类岩石组成；其下为厚厚的地幔，由镁铁质和金属硫化物及氧化物组成，其中上部有层岩石呈熔融状的软流圈；地球中心部分为地核，主要为镍铁质，又分为外核和内核，外核为液态，内核为固态。

我们人类就生活在地壳、大气和水的接触地带。地球各层圈的性质和活动紧密结合，形成复杂而有机的自然系统，直接影响着人类的生存环境。而人类活动也对它产生影响，使其发生变化，有时产生的反作用会危害人体健康，破坏自然资源和生态平衡，以致影响人类的生存。

大气圈

大气圈含有多种气体的混合物，其中绝大部分组分的比例在近地表几乎是不变的，也有些是不定组分。特别是由于人类社会的生产、生活活动的影响，常使有害的不定组分排放于大气中，如果它们超过一定浓度，便给人类造成危害。由工厂企业、家庭炉灶和汽车、飞机等各类交通工具排出的烟尘、硫氧化物、氮氧化物、二氧化碳、一氧化碳、碳氢化合物和铅化合物等，它们不仅被人类呼吸后会产生各种疾病，被植物、农作物吸收后形成有毒物质危害人类，而且在大气中富集后形成黑风暴、酸雨、尘雾、温室效应并破坏臭氧层，致使世界气候条件变得恶劣。

水　圈

水以气态、液态和固态三种形式存在于大气、地表和地下。水在不断地以蒸发、凝结、降水、径流的方式转移交替，形成水的循环。人类社会的全部生活都与它有密切联系。海洋为人类提供了极其丰富的化学、矿产、动力和生物等资源，也是陆地风云变幻的源地、干湿冷暖变化的调节器。河流和湖泊为人类提供了灌溉、发电、渔业、城市供水和航运之便。存蓄在岩石裂隙和土壤空隙中的地下水，也是工农业生产、日常生活用水的重要来源。高纬度和高山地区的冰川不但是人类的固体水源，也控制着世界的气候和人们的生活方式。

引起人们注意的是人类活动在不同方面造成水环境的破坏，一是由于对水资源本身不合理的掠夺式开采所产生的对水环境和水资源的破坏（如过量引用地表水导致河湖干涸，过量汲取地下水导致地下水资源枯竭）；二是由于人类在其活动领域的活动所产生的对水环境和水资源的破坏（如盲目围垦引起湖泊面积和体积缩小）；三是工农业生产活动和生活活动引起的各类水体的水质污染。另外，大气污染产生气候变化，使陆上积冰量随气温变化，如某一段时间气温突然上升或下降，就会出现大冰川或冰冠融化入海引起海平面大幅度上升，那就会给人类造成灾难。

生物圈

生物的生存一方面受到周围环境的强烈制约，但另一方面生物对它周围

环境也有非常深刻有力的改造作用。生物长期生命活动所创立的新环境又对生物自身生活和发展产生影响。呼吸作用是生命的基础，光合作用是生物发展的前提，在呼吸和光合作用下进行氧和二氧化碳的物质循环，为生物的维持和发展提供了物质保证。大约33亿年前，地球上有了原始生物以来，植物不断在海中和陆上进行光合作用，释放游离氧，形成大气，使氨氧化成氮和水汽，使甲烷和一氧化碳氧化形成二氧化碳、水汽等；还使地表岩石矿物形成红色松散风化物，其中一些藻类和地衣分泌酸类腐蚀矿物吸收养分，死后残骸一部分被细菌分解形成氮素，另一部分转化为有机质，从而形成真正的土壤，为高等植物生长提供了良好场所。而高等植物的类似变化更改善了土壤肥力。另外，植被也强烈制约着小气候、小环境，如植被改变地面温度条件，改变气流速度及空气湿度，并减少水土流失。

在生物圈一定空间范围内，生物与其无机环境之间，各类生物之间存在着密切相互关系，共同构成统一体系，即生态系统。每个生态系统的生物种类、组成、数量、生物量和生产能力都受周围环境制约，而生物的存在和活动也对环境产生不同程度的改造作用。如此反复作用的结果，生态系统中的生物和环境都具有一定的稳定性，使其能量、物质的输入与输出大体平衡，构成所谓生态平衡。人类不合理地开发利用自然资源，常常不自觉地破坏原有的生态平衡，甚至超出原生态系统及其生物能够忍受的限度，降低稳定性，引起复杂的连锁反应。如人类大规模不合理地捕杀动物，采伐森林，开垦草原，使生物资源直接受到毁灭性破坏或因环境恶化失去适宜生存的有利条件而绝灭。

地　壳

地壳是地球为人类提供的赖以生息、赖以发展的矿产资源和能源的主要赋存地。由各种地球内动力引起的强烈构造活动，如地震、火山活动和海啸等，由地表外力引起的地表物质的运动如山崩、土流和泥石流等，给人类造成巨大灾害。而地壳中的化学元素与生物和人体中的化学元素也存在着密切联系。地球上不同地区的化学元素含量不同，引起各地动、植物群的不同反应，这种地球化学环境与人类健康和疾病的关系，也引起了人们的广泛重视。在地质历史的发展中，形成地壳表面元素分布具有不均一性。这种不均一性在一定程度上控制和影响着世界各地区人类、动物和植物的发育，造成了生物生态的地区差异。有时这种不均一性会超过正常变化的范围，于是就造成了人类、动物和植物的各种各样的地方病。如由于缺碘和过量的碘，都会造成地方性甲状腺肿；含氟量高的地方使人慢性中毒，造成地方性氟病；环境缺钼、硒和亚硝酸盐，引起克山病以及大骨节病等。

另外，人类的生活和生产活动对地壳会产生影响和破坏，反过来又会给人类带来不利影响。大规模人工爆破、地下核试验、地下采空和大型水利工程超过岩层荷载而人工诱发地震，尤其是水库诱发地震，数十年来世界上已有几十例，给当地居民生命和财产造成很大伤害。另一方面是过量汲取地下水引起地面沉降。近半个世纪以来，世界许多国家的工业城市发生了地面沉降现象，特别是沿海城市的地面沉降最为严重。我国上海自 1921 年发现沉降，至 1965 年最大处已达 2.63 米。地面沉降造成了建筑物和生产设施的破坏，阻碍了建设事业和资源开发，造成海水倒灌，使地下水和土壤盐渍化。人类是搅动土地的罪魁祸首。现在人类拥有巨大的机械力量和炸药，能够把大量土壤和基岩从一处移到另一处。这些过程可完全破坏原来的生态系统与植物栖息地，导致岩体耗损，形成了人为的泥石流、土流和山崩。

地幔和地核

据研究，地球约在 47 亿年前开始其演化历程，演化的初始温度接近 1000℃。以后由于放射性加热，内部温度开始上升，约在 40 亿～45 亿年前，地球内部温度升高到铁、镁的熔点。大量的铁下降到地核，以热的形式释放出约 2×10^{337} 尔格的重力能。这个热源极为巨大，足以产生广泛的熔融作用并改造地球的内部结构，产生地核、地幔和地壳的分层。它们之间物质相互交换和运移，在地幔中形成可塑性的软流圈。软流圈中以对流的形式进行热传导，致使其上的刚性

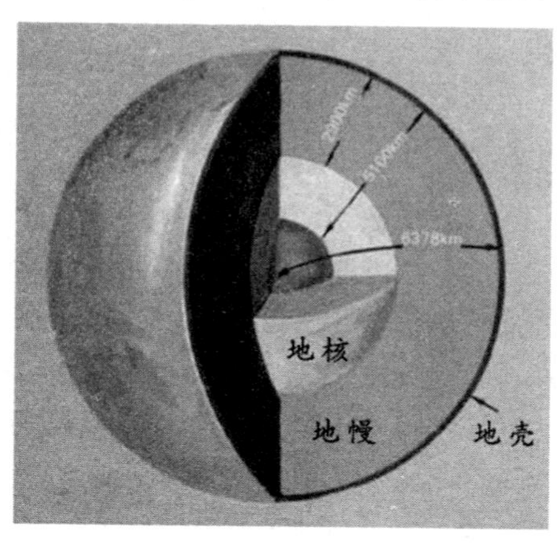

地幔地核

岩石圈分成数个板块，犹如浮冰在慢慢漂移，产生地球表面的大陆运移、海底扩张，山脉隆起、断裂、褶皱、岩浆侵入等构造作用，以及使人类遭受灾难的火山活动和地震等。

地球是一个统一的整体，各层圈、各部分是相互联系和相互影响的，其中物质和能量相互转换，相互循环。因此，很多环境污染物或人类不合理的活动虽然产生于某局部地方，但随着各种自然过程，它们的影响可波及其他地方，甚至可能扩展至全球范围，潜伏下严重后果。还有一些各层圈各种人为的环境破坏，都会损害全人类的生存环境，引起全球性的、危及后代的重大环境问题。因此，保护环境，节约资源，科学地控制人口增长，创建人类美好的生活环境，已成为地球上所有人的共同责任。

光合作用

光合作用是植物、藻类和某些细菌，在可见光的照射下，利用光合色素，将二氧化碳（或硫化氢）和水转化为有机物，并释放出氧气（或氢气）的生化过程。光合作用是一系列复杂的代谢反应的总和，是生物界赖以生存的基础，也是地球碳氧循环的重要媒介。

动物和人类生存所需要的一切物质、能量和氧气都来自光合作用。除此之外，研究光合作用，对农业生产、环保等领域起着基础指导的作用，如建造温室，加快空气流通，以使农作物增产等。

保护我们宝贵的环境资源

我们对于赖以生存的水、空气、土壤、森林、草原以及司空见惯的自然风光、动植物等，总认为它们是取之不尽，而又用之不竭的。其实它们也是值得我们珍惜和保护的宝贵资源。

其中，自然风光是独具特色的资源，集水、空气、森林、土地、动植物等环境资源于一身，不仅为旅游业的大力发展提供了物质基础，还给我们人

优美如画的环境

类提供精神、心理上的享受，这也许就是人们工作累了愿意漫步于草林之中，流连于湖光山色之间，而许多名人隐士长久隐居山林的原因。“大漠孤烟直，长河落日圆”使人产生无限豪情壮志，而“小桥流水人家”又使人身心得到完全的放松。大自然不仅带给我们美好的精神享受，且给我们提供必需的生活和生产资料。

“飞流直下三千尺，疑是银河落九天”，“君不见黄河之水天上来”……说的当然是水资源，可是你知道吗，虽然我们居住的地球70.8%的表面为水所覆盖，可是这个“蓝色”的水球却闹水荒，淡水资源严重匮乏。我国古都西安素有“八水绕长安”的美称，但是这些年，西安缺水情况日趋严重，我们开始意识到淡水也是一种资源，且是极宝贵的资源。同时空气也是极珍贵的资源，没有空气中的氧，地球上一切动植物都将无法生存，随着现代工业不断发展，空气可作为原料制氧、制氮、制氩等。但是你注意到了吗？天空经常飘着一层浓浓的“尘雾”，甚至难以让人看到蓝天白云。大气污染日趋严重，没有新鲜的空气、清新的环境，人类健康将会受到严重影响。

关心我们身外世界，合理开发利用资源，保护我们的环境，是包括广大青少年朋友在内的所有人义不容辞的责任和义务。

生态环境与生态系统

生态环境是指由生物群落及非生物自然因素组成的各种生态系统所构成的整体，主要或完全由自然因素形成，并间接地、潜在地、长远地对人类的生存和发展产生影响。生态环境的破坏，最终会导致人类生活环境的恶化。

生态环境是一个自成体系的生态系统。如果要知道什么是生态系统，我

们得从地球上的生物物种说起。

在地球生物圈中，有很多很多种生物。关于物种的数量还没有明确答案，众说不一。科学家们已经发现并命名的生物有 100 万种。有人说地球上有 500 万种生物，但又有报告，光亚马孙河流域的原始森林中，就可能有 800 万种生物。由此，估计全球现存的物种大约有 1000 万种。还有一些科学家认为全球有 3700 万种生物。如果追算已经灭绝的物种，地球从其诞生之日至今共约出现过 5 亿 ~ 10 亿种生物。

这些生物都必须存在于一定的环境中，如一片森林，一块草原，一条河流。人们把某一种生物所有个体的总和叫做“种群”，把生活在某一特定区域内由种群组成的整体叫“群落”，群落与它相互作用的环境合起来就是生态系统。所以说，生态系统是指一定时间内存在于一定空间范围内的所有生物与其周围环境所构成的一个整体。

地球上的生态系统

例如，一片森林就是一个生态系统。森林中有狼有虎，有鹿有兔，有松有柏，有花有草，还有各种微生物。狼有狼的种群，鹿有鹿的种群，也就是说各种动物都有各自的种群；松有松的种群，花有花的种群，即各种植物有各自的种群；各种微生物也有各自的种群。所有的动物种群、植物种群和微生物种群合起来构成群落，群落中的所有生物和环境合起来就构成森林生态系统。

不光森林，草原、沙漠、湖泊、海洋、农田、城市都是生态系统，整个地球生物圈也是一个大的生态系统。

任何生态系统都是由生物因素和非生物因素两部分组成。非生物部分包括阳光、空气、水分、土壤等各种物理和化学的因素；生物部分又可分为生产者、消费者和分解者三类。

生产者是指绿色植物，包括草、树、庄稼、藻类，它们能够吸收空气中的二氧化碳，汲取土壤中的水分和矿物营养元素，借助太阳光能来合成有机物，并提供给其他生物。

消费者是指各种动物和人。它们自己不会借助太阳光合成有机物，只靠吃生产者为生。

分解者是细菌和酶，它们把生态系统中消费者和生产者的尸体分解成水、二氧化碳和营养元素，还给大气和土壤，再供生产者使用。

地球上的生态系统的分类很多，如可以简单地分为陆地生态系统和水域生态系统。陆地生态系统又可分为森林生态系统、农田生态系统、荒漠生态系统、草原生态系统以及冻原生态系统等等。水域生态系统又可分为海洋生态系统和淡水生态系统。

要保护和改善生活环境，就必须保护和改善生态环境。我国环境保护法把保护和改善生态环境作为其主要任务之一，正是基于生态环境与生活环境的这一密切关系。

生态环境与自然环境是两个在含义上十分相近的概念，有时人们将其混用，但严格说来，生态环境并不等同于自然环境。自然环境的外延比较广，各种天然因素的总体都可以说是自然环境，但只有具有一定生态关系构成的系统整体才能称为生态环境。仅有非生物因素组成的整体，虽然可以称为自然环境，但并不能叫做生态环境。从这个意义上说，生态环境仅是自然环境的一种，二者具有包含关系。

亚马孙河流域

亚马孙河是南美第一大河，也是世界上流域面积和流量最大的河流。亚马孙河发源于秘鲁南部安第斯山脉，一路向东，沿途接纳了1000多条支流，全长6400千米，最终注入大西洋。亚马孙河流域面积705万平方千米，约占南美大陆总面积的40%；每年注入大西洋的水量约6600立方千米，相当于世界河流注入大洋总水量的1/6。

亚马孙河水系跨赤道南北，终年高温多雨，物种丰富，淡水鱼类多达2000余种。还有海牛、淡水豚、鳄、巨型水蛇等水生动物。流域内大部分地

区覆盖着稠密的热带雨林，被誉为“地球之肺”。森林内植物种类繁多，地下的矿产资源也十分丰富。

生物多样性与生态平衡

生物多样性是指地球上所有生物——动物、植物、微生物以及它们所拥有的遗传基因和生存地共同构成的生态环境。它包括生态系统多样性、遗传多样性和物种多样性3个组成部分。正是由于这些形形色色、千姿百态的生物和它们的生命活动，才构成了自然界这个绚丽多彩、生机盎然的大千世界。

生态系统多样性是指生态系统的类型极多。因为任何一个群落与它相互作用的环境合起来就可以构成一个生态系统，它们各自保持各自的生态过程，即生命所必需的化学元素的循环和各组成部分之间能量的流动。

遗传多样性是指存在于生物个体、单个物种及物种之间的基因多样性。

物种多样性是指动植物及微生物丰富的种类。据估计，地球上现存800万~1000万个物种。我国是生物物种特别丰富的国家，占世界第八位，在全球生物多样性保护行动中的作用举足轻重。如我国广东、海南、广西、福建、四川、云南等热带、亚热带省区，都蕴藏着丰富的生物资源，对生物多样性的开发和利用有着巨大的经济和科学价值。

生物多样性是大自然的宝贵财富。人类保护生物多样性，不但可使生态环境保持平衡，保证生物种群的持续发展，而且通过对野生动植物的研究，合理地利用生物资源，可以满足人类各方面的需要。比如，野生动植物中还存在各种优良性状的基因，为农作物品种改良和基因工程研究提供巨大的基因库。

1941年，美国耶鲁大学生态学家林德曼发表了《一个老年湖泊内的食物链动态》的研究报告。

他对50万平方米的湖泊作了野外调查和研究后用确切的数据说明，生物量从绿色植物向食草动物、食肉动物等按食物链的顺序在不同营养级上转移时，有稳定的数量级比例关系，通常后一级生物量只等于或者小于前一级生物量的1/10。而其余9/10由于呼吸、排泄、消费者采食时的选择性等被消耗掉。林德曼把生态系统中能量的不同利用者之间存在的这种必然的定量关系的规律叫做“十分之一定律”。如果按照这个规律，把营养级依序由低向高排列，逐渐成比例地变小，画成一幅图，仿佛一个埃及金字塔。因此，该定律又被称为“能量金字塔定律”。

在各种生态系统中，每一种群的数量必然要受到十分之一定律的约束，也就是说，各种生物的数量符合能量金字塔定律，生态系统才能保持稳定，这就是生态平衡状态。

换句话说，在一个正常的生态系统中，能量流动和物质循环总是不断地进行着，但在一定时期内，生产者、消费者和分解者之间都保持着一种动态的平衡，这种平衡表现为生物种类和数量的相对稳定，这种平衡状态就叫生态平衡。

生态平衡状态既微妙又脆弱，如果把这种平衡打破，比如由于自然的或人为的原因使某种生物物种的数量急剧膨胀或缩小，造成生态系统不能遵循十分之一定律，常常会带来灾难性的后果，有时整个生态系统将被摧毁。

在地球大生态系统中，人处于食物链的顶端。按照能量金字塔定律，人的数量也不能无限制地膨胀，否则，就可能打破地球生态平衡，使整个地球生态系统遭受巨大的破坏。所以，人类只有主动控制人口增长速度，才能保护好地球生态系统，才能保护我们人类生存和发展的环境。

基因工程

基因工程又称基因拼接技术和DNA重组技术，是生物工程的一个重要分支。它将外源基因通过体外重组后导入受体细胞内，使这个基因能在受体细胞内复制、转录、翻译表达的操作。它是用人为的方法将所需要的某一供体生物的遗传物质——DNA大分子提取出来，在离体条件下用适当的工具酶进行切割后，把它与作为载体的DNA分子连接起来，然后与载体一起导入某一更易生长、繁殖的受体细胞中，以让外源物质在其中“安家落户”，进行正常的复制和表达，从而获得新物种的一种崭新技术。它克服了远缘杂交的不亲和障碍。目前，已经有转基因大豆、玉米、棉花等植物和转基因牛、猪、鱼等动物出现。

自然赐予人类的绿色财富

覆盖在大地上的郁郁葱葱的森林，是自然赐予人类的一笔巨大而又最可珍贵的绿色财富。人类的祖先最初就是生活在森林里的，他们靠采集野果、捕捉鸟兽为食，用树叶、兽皮做衣，在树枝上架巢做屋。森林是人类的老家，人类是从这里起源和发展起来的。

直到今天，森林仍然为我们提供着生产和生活所必需的各种资料。估计世界上有 3 亿人以森林为家，靠森林谋生。

绿色森林

森林提供包括果子、种子、坚果、根茎、块茎、菌类等各种食物，泰国的某些林业地区，60% 的粮食取自森林。森林灌木丛中的动物还给人们提供肉食和动物蛋白。

木材的用途很广，建造房屋、开矿山、修铁路、架桥梁、造纸、做家具……森林为数百万人提供了就业机会。其他的林产品也丰富多彩，松脂、烤胶、虫蜡、香料等等，都是轻工业的原料。

我国和印度使用药用植物已有 5000 年的历史，今天世界上大多数的药材仍旧依靠植物和森林取得。在发达国家，1/4 药品中的活性配料来自药用植物。

薪柴是一些发展中国家的主要燃料。世界上约有 20 亿人靠木柴和木炭做饭，像非洲的布隆迪、不丹等一些国家，90% 以上的能源靠森林提供。

从自然与生态环境方面而言，森林也是一个绿色宝库，它就像大自然的“调度师”，调节着自然界中空气和水的循环，影响着气候的变化，保护着土壤不受风雨的侵犯，减轻环境污染给人们带来的危害。

呼吸是人生命的第一需要。一个大人一天要呼吸 2 万次。如果一个人几天不吃，不喝水，还可生存，但是几分钟不呼吸就可以停止生命。不但人离不开空气当中的氧气，就连各种动物、植物本身也离不开。仅仅依靠空气当中的氧气是不够的。那么，是谁制造了这么多的氧气呢？原来是植物，人们称植物是天然“氧气制造厂”。

地球上，只有植物能制造氧气。我们人类是吸进氧气，呼出二氧化碳。二氧化碳被绿色植物吃掉，绿色植物又吐出新鲜的氧气，供我们呼吸。植物就是这样和我们默契配合。例如，一棵椴树一天能吸收 16 千克二氧化碳，150 公顷杨、柳、槐等阔叶林一天可产生 100 吨氧气。城市居民如果平均每人占有 10 平方米树木或 25 平方米草地，他们呼出的二氧化碳就有了去处，所需要的氧气也有了来源。绿色植物是我们生命的源泉，因此要多种草种树，保护绿色植物，让它们为人类造福。

郁郁葱葱的森林含水量丰富

人们常说，森林是天然的蓄水库，是保持水土的卫士，这是十分有道理的。有了森林，地面就不怕风吹水冲，水土不易流失。防护林带能大大减弱风力；暴雨碰到森林也会被阻挡，雨水沿着树叶、枝干慢慢地流到地上，被枯枝、落叶、草根、树皮所堵截，使水分容易渗到地下去，而不会很快流走。

从森林地区分布上看，森林多集中于江河的上游，具有重要的水源涵养作用。据统计，每平方千米的森林可贮存 5～10 吨水。下雨天，茂密森林的树冠能截留 15%～40% 的降水量。五年生的刺槐林截留的雨量为降雨量的为 27.5%；七年生油松林为 30.1%；十年生的柞树林为 36.1%。降雨强度越小，被树冠截流的雨量也越多。其他的雨水经由树木流到林地上，除 5%～10% 从林地表面蒸发外，有 50%～80% 的雨水被林地上的植被和松软的枯枝落叶层及腐殖层吸收。

林地上的枯枝落叶的吸水量一般可达自身重量的 40%～260%。如油松为 40%；刺槐为 120%；柞树为 180%。腐殖层吸水量相当于自身重量的 2～4 倍。由于这些截流作用，大大减少了落到地面的雨量，也就削弱了雨滴对地

面的打击、侵蚀能力，大大地减低地表径流速度和土壤侵蚀，从而保持了水土，涵养了水源。

据非洲肯尼亚的记录，当年降雨量为500毫米时，农垦地的泥沙流失量是林区的100倍，放牧地的泥沙流失量是林区的3000倍。我们不是要制止沙漠化和水土流失吗？最有力的帮手就是森林。

可见，森林涵养水源，保持水土的功能很大，真可谓是“天然蓄水库”。

森林还能防风固沙，制止水土流失。狂风吹来时，它用树身、树冠挡住去路，降低风速；树根又长又密，紧紧抓住土壤，不让大风吹走。

水循环

地球上的水圈是一个永不停息的动态系统。在太阳能的作用下，海洋表面的水蒸发到大气中形成水汽，水汽随大气环流运动，一部分进入陆地上空，在一定条件下形成雨雪等降水；大气降水到达地面后转化为地下水、土壤水和地表径流，地下径流和地表径流最终又回到海洋，由此形成淡水的动态循环。这部分水容易被人类社会所利用，具有经济价值，正是我们所说的水资源。

水循环调节了地球各圈层之间的能量，对冷暖气候变化起到了重要的因素，还通过侵蚀，搬运和堆积，塑造了丰富多彩的地表形象。更重要的是，通过水循环，海洋不断向陆地输送淡水，补充和更新新陆地上的淡水资源，从而使水成为了可再生的资源。

陆地生态系统的基底

土壤是岩石圈表面的疏松表层，是陆生植物生活的基质和陆生动物生活的基底。土壤不仅为植物提供必需的营养和水分，而且也是土壤动物赖以生存的栖息场所。土壤的形成从开始就与生物的活动密不可分，所以土壤中总是含有多种多样的生物，如细菌、真菌、放线菌、藻类、原生动物、轮虫、线虫、蚯蚓、软体动物和各种节肢动物等，少数高等动物（如鼹鼠等）终生都生活在土壤中。

据统计，在一小勺土壤里就含有亿万个细菌，25 克森林腐殖土中所包含的霉菌如果一个一个排列起来，其长度可达 11 千米。可见，土壤是生物和非生物环境的一个极为复杂的复合体，土壤的概念总是包括生活在土壤里的大量生物，生物的活动促进了土壤的形成，而众多类型的生物又生活在土壤之中。

土壤无论对植物来说，还是对土壤动物来说都是重要的生态因子。植物的根系与土壤有着极大的接触面，在植物和土壤之间进行着频繁的物质交换，彼此有着强烈影响，因此通过控制土壤因素就可影响植物的生长和产量。

对动物来说，土壤是比大气环境更为稳定的生活环境，其温度和湿度的变化幅度要小得多，因此土壤常常成为动物的极好隐蔽所，在土壤中可以躲避高温、干燥、大风和阳光直射。由于在土壤中运动要比大气中和水中困难得多，所以除了少数动物（如蚯蚓、鼹鼠、竹鼠和穿山甲）能在土壤中掘穴居住外，大多数土壤动物都只能利用枯枝落叶层中的孔隙和土壤颗粒间的空隙作为自己的生存空间。

土壤是所有陆地生态系统的基底或基础，土壤中的生物活动不仅影响着土壤本身，而且也影响着土壤上面的生物群落。生态系统中的很多重要过程都是在土壤中进行的，其中特别是分解和固氮过程。生物遗体只有通过分解过程才能转化为腐殖质和矿化为可被植物再利用的营养物质，而固氮过程则是土壤氮肥的主要来源。这两个过程都是整个生物圈物质循环所不可缺少的过程，而这一切最终都会影响到人类的生存与健康。

环境提供的治疗疾病之法

所谓环境疗法，除了通常的日光浴、空气浴、水浴之外，还包括以下几种。

森林浴疗法：树木散发出一种芳香的物质有杀菌作用。如柠檬、桉叶释放出的杀菌素可杀死肺炎球菌；桧柏、松树的杀菌素可杀死白喉、结核、伤寒、痢疾等病菌。森林是消毒站，是氧气制造厂，它能产生较多的负离子，

不仅能使人的血沉减慢、精神振奋，对高血压、心脏病、神经衰弱等亦有显著效果。

洞穴疗法：这是对患有呼吸器官疾病的人采用的一种新疗法。我国桂林地区和匈牙利塔波尔卡医院在岩洞内设立了一些病房，接受哮喘、肺气肿、肺癌等病人和其他呼吸道病人进行治疗。据临床病例分析，洞穴里空气新鲜、负离子多、污染小，对呼吸器官疾病有效率达80%以上。

花香疗法：医学家已发现有300多种杀菌素的植物和150多种香味能治疗疾病，芳香扑鼻的鲜花味也可以用来治病。如天竺花香味能使人神经安定镇静，促进睡眠，清除疲劳；米兰花香能使哮喘病人感到心情舒适；熏衣草花香可使高血压和心动过速病人减慢心率；丁香花香味对牙痛病人有镇痛安静作用。

沙丘疗法：我国新疆吐鲁番盆地设有沙丘医诊所，每年6~10月接待来自各地患有坐骨神经痛、腰酸腿痛、脉管炎、风湿性关节炎和消化系统障碍等病人。让患者躺在热气腾腾的沙丘上面熏蒸，使患者出汗，促进血液循环，特别对病毒引起的疾病，疗效颇佳。

温泉疗法：世界各地温泉浴疗，品种繁多。新西兰是世界上著名的温泉之国。有一种喷射泥潭，可将发烫的泥巴，涂满全身，待泥巴晾干后，一块块剥下来，这种泥巴浴对治疗皮肤病、风湿病、丘疹、毛囊炎、顽癣等疗效特别显著。据疗养院统计，脂溢性脱发患者每周用泥巴涂2次秃顶，1个月内可长出新发，有效率达76.5%。

生活环境影响人类的健康

SHENGHUO HUANJING YINGXIANG RENLEI DE JIANKANG

人类的生活离不开环境，环境也在时刻影响着人类的生活。人类健康与生活环境的关系也是如此。优质的生活环境对人类的健康非常有利，世界上的几大长寿地区便分布在环境优美、资源丰富之地，瑞典、冰岛、荷兰、挪威和日本等气候温和、资源丰富的沿海国家都是长寿老人较为集中之地。相反，资源匮乏、气候恶劣之地对人类的健康极为不利，如人体必需的某种微量元素匮乏之地就常常引发地方病。

小环境对人体健康的影响也极为明显，居室的空气质量、居住区周围的绿化覆盖率等都对健康有着极大的影响。基于环境对人体健康影响的考虑，人们在选择居住地的时候应该尽量选择气候温和、资源丰富、环境优美之地。除此之外，人们还应该尽量营造有利于健康的居室环境。

自然环境影响人类的寿命

自然环境对人体的健康和寿命的重大影响，已为人们所公认。其中许多事例说明，沿海地区的环境较有利于人体健康。目前世界上平均寿命最长的

国家瑞典、冰岛、荷兰、挪威和日本，这些国家都是岛国或半岛国，都为海洋所包围。位于太平洋之中的岛国斐济，几十年来几乎没有发现癌症病例。罗马尼亚的多瑙河三角洲东临黑海，这里居民的平均寿命是该国最高的。居住在沿海地区的居民，由于大量吃海产品，当地居民很少得癌症，冠心病、糖尿病的发病率也很低。

为什么滨海环境对人类的健康比较有利呢？有人认为：1. 滨海区面向海洋，海洋空气较内陆少受污染，空气成分较少含毒物质，而多含人体必需的微量元素，如碘、氯等阴离子，不仅能补充人体的生理需要，而且能杀菌；2. 滨海区海产丰富、食物种类繁多，有利于调节人体的营养平衡。因此，在我国广泛流行的地方性甲状腺肿、克山病、龋齿等疾病，很少在滨海地区发生；3. 滨海区气候一般较温和湿润，不像大陆性气候那样暴冷暴热，有利于人体的新陈代谢和细胞的保护；4. 人们发现，一切癌症的发病率随年龄的增长而增加，这与人体中的必需元素随年龄的增长而下降，非必需元素随年龄的增长而累积的趋势有关。因此，若能满足人体对必需微量元素的需要，并控制非必需元素的累积，对人体健康大有好处。滨海区居民既食陆产品，又食海产品，生命必需元素的来源很充足。海洋是一切生物的故乡，在海水中，有毒元素的浓度很低，必需元素很容易得到。因此，海洋性食物最有利于满足人体对必需元素的需要，而又最能降低非必需元素在人体内累积的速度。

内陆地区也有人们公认世界的四大著名长寿地区，即苏联的高加索地区、巴基斯坦的洪札、厄瓜多尔的威尔卡班巴村以及我国的新疆维吾尔自治区。苏联高加索地区的长寿老人最多，共有百岁老人 5000 人，我国的新疆维吾尔自治区拥有百岁老人 85 人。

大量研究发现，影响人们寿命的主要因素有遗传因素、社会因素、心理因素、经济状况、生活水平、饮食营养、卫生条件、疾病、自然环境、地球化学因素等。其中，环境因素为主要因素。

据研究，多数内陆长寿地区都在海拔 500 ~ 1500 米之间，年平均气温为 17℃ ~ 20℃，年平均降雨量为 1250 ~ 1500 毫米，年平均日照时间为 1400 ~ 1800 小时。这些因素构成了青山绿水、气候宜人、空气新鲜、特产较为丰富的特定条件。另外，长寿地区还有一个重要特征，就是人群中冠心病、高血压、脑中风、肿瘤、糖尿病等严重威胁人们（尤其是中、老年人）健康的疾病的患病率明显低于一般地区。

调查发现，不同地质结构和地球化学成分的地区，对人的身体健康有不同的影响。尤其是周围环境中微量元素的含量，对人体健康的影响更为明显。研究还发现，人们摄入的钴、硒、锌、铬等元素不足，或摄入镉等元素过多，都会导致高血压、冠心病和脑中风等病的高发。许多研究证明，环境中微量元素含量失调与恶性肿瘤的发生有密切关系。特别值得提出的是经过研究发现，长寿地区的黄豆中含有丰富的微量元素。

另外，许多报告指出，寿命与遗传有一定关系。长寿老人的家族长寿率达60.0%～84.6%，长寿老人的染色体多没有丢失，染色体畸变率也较低。90%以上的长寿老人都是体力劳动者，其饮食也多以素食为主。

居住环境与地方病的发生

在某一特定地区，长期流行的地方病，可以反映出环境与健康的关系是极为密切的。元素在地壳表面的分布是不平衡的，局部地区某些元素过多或过少，就可能使当地居民从环境中摄入的元素量超出或低于人体所能适应的变化范围，从而导致某些地方病的流行。甲状腺肿（俗称大脖子病）就是一种世界性的地方病。据统计，全世界患甲状腺肿的病人约有2亿，主要分布在亚洲的喜马拉雅山地区、非洲的刚果河流域、南美洲的安第斯山区、欧洲的阿尔卑斯山区、北美洲的美国和加拿大之间的大湖盆地周围地区、大洋洲新西兰的一些地区。

地方病亦称生物地球化学性疾病，系指在自然环境中由于地壳元素分配的不均匀、个别微量元素的含量超过或低于一般含量，而直接或间接引起生物体内微量元素平衡严重失调时产生的特殊性疾病。它有以下3个特征：

（一）发生在某一特定地区，同一定的自然环境有密切的关系。

（二）通常由微量元素失衡引起，并在一定地域内流行，年代比较久远。

（三）有相当数量的患者表现出共同的奇异病征。

从环境地质学角度来看，地方病是由于地壳中元素分布不均匀，某些地区某种或某些元素严重不足或显著偏高所造成的。我国是一个地方病流行较严重的国家。地方病分布广、病情重、受威胁人口多，不仅严重危害了病区人民的健康，而且也阻碍着当地经济的发展。目前，我国主要的地方病有：

地方性缺碘病（IDD）、地氟病、地方性硒中毒、克山病、大骨节病等。这些病在时空上的分布与地质环境中的地形地貌、地质构造、地层岩性、土壤、水（地表水、地下水）等因素密切相关。

碘缺乏病

碘是人体必需的微量元素。人体缺碘会引起甲状腺肿大、智力下降等一系列严重后果，缺碘症是流行广、危害大、受害人数多的一种病征。缺碘症影响到甲状腺激素的形成，影响到脑神经元的发育，影响到体格的发育和基础的代谢。碘由陆地随水进入海洋，由海洋逸出进入大气，再通过降水进入陆地，形成一个大循环。陆地生态系统中，植物直接从水中、土壤中吸收碘，而动物则从植物和水、空气中获得碘；海洋生态系统中，浮游生物直接从海水和淤泥中获得碘，鱼虾、浮游动物则从水生生物中取得碘；人类则既可从动、植物中，又可直接从水中和空气中获得碘。当然不论是海洋或陆地产的动植物都要从外界获得碘。所有生物中的碘，最终都要返回土壤、海洋中，由微生物分解成元素碘，继续被植物吸收利用。

地方性硒中毒

硒是机体必需的微量元素，具有重要的生理功能，能防止多种疾病的发生。由于环境和区域的不同，硒的分布极不均匀，含量差异很大。硒的摄入过多或过少都会对人体造成伤害。克山病和大骨节病都是缺硒引起的流行性地方病，而蹒跚病和碱毒病则是由于土壤、饮水、食物中硒含量过高引起的地方性硒中毒，也是世界流行病。

硒是类金属元素，硒化合物一般有 -2、0、+4、+6 四种价态。硒在地表土壤中的分布呈现地带性差异，据20多个国家的有关报道可以看出，在地球的南北半球各有一条大致30°以上的中高纬度的缺硒分布带。在我国由东北向西南就有一低硒带，克山病和大骨节病即流行于这一地带。该地带土壤中平均含硒量约为0.1毫克/千克。

地表水和地下水的硒平均变动范围为0.1～400微克/升，主要决定于地质结构的特征，地表水的硒含量受pH值的影响很大。土壤中的硒以亚硒酸铁形态束缚存在，一般累积在富铁层中。在富含有机质和腐殖质的土壤中易积累硒。硒氧化成比较易溶的硒酸。由于淋溶作用，硒可从土中排出。灌溉水中增加微量的硒，可明显提高植物各部分的含硒量。农作物、牧草等都对硒有一定的富集作用。在生物体内的硒都是以有机物——硒蛋白质的形式存在。

人体中硒的水平决定于硒在摄入食物的含量及其存在形式。硒化合物经消化管进入机体后都易被吸收。吸收的硒广泛分布于体内，在肝和肾中可富集，在脾、肺、心肌、骨骼肌和脑中的含量依次递减，脂肪中几乎无硒。

大骨节病

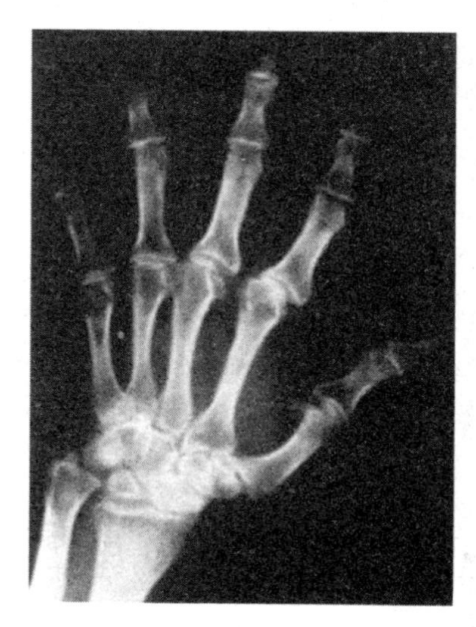

大骨节病

大骨节病是发生于儿童，以关节软骨、骺软骨和骺软骨板变性坏死为基本病变的地方性骨病，又称柳拐子病。在我国，主要分布在东北至西藏的一个狭长高寒地带，病因至今不完全清楚。在该病流行区，土壤、粮食和人发中偏低的硒含量与病情有非常明显的负相关系；水中腐殖酸总量和腐殖酸与病情有非常明显的正相关系。大骨节病区的饮水中微量元素不足、过剩和失衡可能是引起营养不良性改变的因素。此外，采用“吃粮、改水、讲卫生”预防大骨节病已取得良好效果。本病发病年龄较小，一般为 3 ~ 15 岁儿童，手、足和踝部发病率高。

氟中毒症

氟是生命必需元素，它参与新陈代谢。适量氟能维持机体正常的钙磷代谢，有防龋作用，能促进生长发育，并与生殖能力和刺激造血机能有关。但摄入过量则有毒害作用，如造成硬组织损伤、破坏钙磷代谢、抑制酶活性等，形成地方性氟中毒。氟中毒是一种全身性疾病，但以牙和骨的病变为主，如氟斑牙和氟骨症。

砷中毒症

砷被认为是可能的生命必需元素。在体内存在适量砷被认为有生血刺激作用和促进组织、细胞生长的功能。当然过量砷很容易导致中毒。砷的毒性，无机砷大于有机砷，三价砷大于五价砷。无机砷与蛋白质的巯基有很强的亲和力，能使很多酶，特别是能使与呼吸作用有关的酶受到抑制或失活，损害细胞正常代谢、线粒体的呼吸氧化过程和磷酸化作用。砷中毒的损害是多方面的，涉及呼吸、神经、消化、泌尿、心血管各系统。

地方病的流行，除环境中元素分布异常外，还有些是由于有的地区某些致病生物或某些传染疾病的生物易于孳生繁殖而引起的，如我国南方一些地区过去流行的血吸虫病，就是由于当地钉螺繁殖，作为血吸虫的中间宿主而危害人群的。

新陈代谢

新陈代谢是指生物体从环境摄取营养物转变为自身物质，同时将自身原有组成转变为废物排出到环境中的不断更新的过程。这个过程是由一系列化学变化组成的，其中的化学变化一般都是在酶的催化作用下进行的。

新陈代谢包括物质代谢和能量代谢两个方面。物质代谢是指生物体与外界环境之间物质的交换和生物体内物质的转变过程，可细分为：从外界摄取营养物质并转变为自身物质，自身的部分物质被氧化分解并排出代谢废物。能量代谢是指生物体与外界环境之间能量的交换和生物体内能量的转变过程，可细分为：储存能量和释放能量。

癌症发病与环境密切相关

世界卫生组织有过一个统计：当前人类肿瘤中85%～90%与环境有关。癌症与环境密切相关，首先表现在癌症具有明显的地域特征。一些调查表明：

不同地区的土壤、饮水、作物、食物中的微量元素各异，通过食物链进入人体的各种元素的数量便也不同，而某些元素的缺乏或过多，都可能会导致不同部位的肿瘤。胃癌的发病率与土壤中镁的含量呈负相关；某些金属矿区地下水及饮水受到砷污染后，多有皮肤癌发生；而在瑞典，由于饮用水中含碘量低，导致甲状腺癌的发病率提高。在我国的山西、河北等食道癌高发区，土壤中的钼、铜、铁等元素含量也较低发区的低，而氮氧化物又高于癌症低发区。

癌症与环境密切相关，还表现在它有明显的职业特征。长期与阿米脱和其他除锈剂接触的铁路工人，各部位肿瘤发病率都有升高趋势；合成染料厂中患膀胱癌的较多；大量接触放射性物质的工人中，患白血病的多；铀矿工人的肺癌死亡率很高；而石棉可以引起肺癌早已为人所知。

癌症发病最明显的原因是环境污染。比如大型火力发电厂的废气、城市大量汽车排出的尾烟、家用燃料燃烧等，把大量煤烟、硫氟化物、一氧化碳、氮氧化物、焦油、粉尘等排入大气，其中焦油、粉尘、二氧化硫被认为具有较强的人体致癌作用。氮氧化物通过呼吸进入人体，与肺癌也有密切关系。水体污染中，铬、镍、镉均有致癌作用，皮肤长期接触含砷废水可引起皮肤癌。

但是，环境中同时也存在着抗癌物质。如斐济岛上生长的一种植物含甙，有抗癌作用，使该岛成为著名的“无癌岛”。某些植物中所含的长春新碱、秋水仙酰胺、喜树碱等，也具有很强的抗癌作用。进入人体的微量元素，在适当浓度和条件下，也有抑制肿瘤作用。如饲料中硒的含量为 5 ~ 10 毫克/千克时致癌，在 1.0 毫克/千克时对癌有抑制作用。

生活环境诱发过敏性疾病

我们每个人都共享一个大环境，即由大气圈、水圈、地质圈和生物圈等自然因素规程的环境；同时每个人的居室、工作和生产活动、生活习惯又构成了个人的小环境。人类要生存必须与周围的环境进行物质交换，假如环境受到污染，有害物质就可以通过呼吸道、饮食、皮肤接触等进入人体，从而损害健康。过敏性疾病就是一种与环境因素密切相关的疾病。

大环境的污染对人类的呼吸道有着严重的影响，包括气候（温度、空气湿度和气压等）的改变、煤烟和工业及汽车废气污染构成的光化学污染，豚草等有害植物的花粉、生活垃圾霉烂产生的霉菌以及孢子等均可诱发过敏性哮喘和过敏性鼻炎的发作。与大环境污染相比，小环境的污染对过敏病患者来讲更为重要，过敏性哮喘和过敏性鼻炎患者常见的过敏源包括室内尘土、尘螨的孳生、居室通风不良、家庭豢养的狗、猫、鸟等宠物所脱落的皮毛及羽毛、装修时的刺激性气体（油漆、涂料和其他化工材料）、厨房的刺激性气体（油烟、煤气等）、香烟雾、化学材料（如苯、硫酸、黏合剂、福尔马林和木尘等）、杀虫剂的气味、樟脑和鞋油等异味。而对过敏性皮肤病来讲，化妆品、染发剂和进食某些过敏性食物或刺激性食物（如海产品、牛奶、桃子、辣椒、芥末等）则是重要的过敏源。

此外，气候和季节的变化（包括温度、空气湿度、气压和风向等）也与过敏性疾病的发生有着密切关系，如冷空气、气候潮湿是诱发哮喘、过敏性鼻炎和荨麻疹的重要原因，尘螨的繁殖也与空气湿度和温度有密切关系，春秋季的过敏病易发的原因既与温差变化较大有关，与某些花粉、尘螨和霉菌也有关系。从上述现象来看，环境与过敏性疾病的关系非常密切，治理好室内外环境对过敏性疾病的预防是非常重要的。

绿色植物有益人类健康

科学家研究发现，健康长寿的人或长寿的地区几乎都远离闹市，没有污染。那里的气温、湿度适宜，森林茂密，气候凉爽，环境优雅；那里的流水不断，水源清洁，空气新鲜，且含有较多的负离子。研究进一步表明，绿色植物与人体健康关系重大。

绿色植物使人身心健康

当你步入苍翠碧绿的林海里，会骤感舒适，疲劳消失。森林中的绿色，不仅给大地带来秀丽多姿的景色，而且它能通过人的各种感官，作用于人的中枢神经系统，调节和改善机体的机能，给人以宁静、舒适、生机勃勃、精神振奋的感觉。

据调查，绿色的环境能在一定程度上减少人体肾上腺素的分泌，降低人体交感神经的兴奋性。它不仅能使人平静、舒服，而且还能使人体的皮肤温度降低1℃~2℃，脉搏每分钟减少4~8次，增强听觉和思维活动的灵敏性。科学家们经过实验证明，绿色对光反射率达30%~40%时，对人的视网膜组织的刺激恰到好处，它可以吸收阳光中对人眼有害的紫外线，使眼疲劳迅速消失，精神爽朗。

空气是人类生存的重要环境因素之一。人体与外界环境不断进行着气体交换，吸入氧气，吐出二氧化碳。通常大气中的二氧化碳含量为0.04%，但由于工业的发展，对大气的污染加重，许多城市的空气中的二氧化碳含量高达0.05%~0.07%，有的甚至高达0.2%。

据研究，当空气中的二氧化碳浓度过高时，人们的呼吸就会感到不适；二氧化碳浓度达到4%时，就会发生头痛、耳鸣、血压升高等病症；当二氧化碳浓度达到10%以上时，将会引起死亡。但是，绿色植物可以在阳光下进行光合作用，吸收二氧化碳，释放氧气。研究表明，植物每生长1吨，可以产生5吨氧，每公顷森林每天可吸收1吨二氧化碳，生产0.735吨氧气。可以说，绿色植物就是个巨大的“氧气制造厂”。绿色植物的作用还远远不止这些，它们提供给我们的几乎都是有益人类健康的东西。

绿色植物是“解毒器”

绿色植物可以吸收空气中的有害气体，使污染的空气净化。据研究，在绿化覆盖面达30%的地段，可使空气中致癌物质下降58%，二氧化硫下降90%以上。在二氧化硫污染的情况下，臭椿叶子含硫量可超过正常含量的29.8倍；一公顷柳树林可以吸收720千克二氧化硫；银杏、松柏、石榴、棕榈等，都有较强的抗二氧化硫能力。海桐可以吸收氟化氢。这些树木还可以吸收汽车尾气排出来的毒气，某些绿色植物还可吸收、过滤放射性物质。

绿色植物是“灭菌器”

香樟、黄连木、松树、榆树、侧柏等能分泌出一种挥发性的植物杀菌素，可杀死空气中的细菌。据报道，地球上的森林每年可向大气中散发1.7亿吨萜烯物质，这类芳香物质具有无可比拟的杀菌能力和兴奋作用。有数据表明，能分泌含有挥发性植物杀菌素的树木达300种之多。1公顷桧柏林一日内能分泌出的杀菌素多达60千克，杉、松、楼树等的分泌更多；法国梧桐、柠檬、桂树、丁香、核桃等也能分泌杀菌素，可杀死白喉、肺结核、痢疾等病原体。绿色植物覆盖面积大，疾病发生就明显减少。

绿色植物是“吸尘器”

绿色植物对空气中的灰尘、粉尘有良好的过滤和吸收作用，并能阻挡工业粉尘向空气弥散。据测定，大气通过林带时，可使粉尘量减少32%～52%，飘尘量减少30%。每公顷云杉林每年可吸滞32吨灰尘，松树林每年可吸滞36.4吨灰尘。随着灰尘在空气中的减少，支气管炎、咽炎、肺炎等呼吸道疾病都会明显减少。

绿色植物是“消声器”

绿色植物对声波有散射作用，当声波通过被风吹摇的树叶时，可明显减弱声波，或使声波消失。树叶表面的气孔和粗糙的毛，就像影剧院里多孔纤维吸音板一样，把噪声吸收掉。据测定，林带可吸收噪声20%～26%，令其强度降低20～25分贝。如雪松、桧柏、龙柏等的树冠能吸收音量的25%左右，同时将噪声量的50%左右反射或折射出去，将噪声消除，使森林寂静无声。人们在森林、花卉丛中静养，呼吸、心率、血压均会相应地减缓和降低。

气温的调节师

绿色植物还可调节气温。绿化覆盖率为50%的地区，当气温超过29℃时，气温约可下降14%，可消除城市“热岛效应”形成的酷热。据测定，酷夏沥青路面温度为49℃，混凝土路面为46℃，林荫下路面为32℃，林荫下绿茵地为28℃，真是林深不知暑。

绿色植物还可调节湿度。森林中空气湿度要比城市高38%，公园中湿度比城市其他地方湿度高27%。树木强大的根系，还可不断地从土壤中吸收大量水分，经过繁茂的树叶，蒸发到空气里，从而带走一些热量，造成一个冬暖夏凉、夜暖昼凉、温差较小、湿润清新的环境，有益于健康长寿。

绿色植物是负氧离子“发生器”

据测定，城市室内空气中的负氧离子，每立方厘米为40~50个，室外为100~200个，而森林中可达10万~100万个。研究发现，当每立方厘米空气中负氧离子数在100个时，人就会感到倦怠、头痛；当达到5000~10000个之间时，就会感到心平气和；当达到1万个以上时，就会感到神清气爽，舒适惬意；高达10万个左右，就能起到镇静、镇痛、止喘、催眠、降压、消除疲劳、调节神经等作用。因此，人们把负氧离子誉为“空气维生素”、“长寿素”。

总之，森林是陆地生态环境的主体，是大自然的调节器。保护森林就是保护人类生存的环境，也就是保护人类自己。让我们为保护大森林出力，让大森林为人类造福！

热岛效应

热岛效应是指由于城市中工业余热和生活余热的存在以及蒸发耗热的减少等原因，而形成的城市市区温度高于郊区温度的一种小气候现象。在近地面温度图上，郊区气温变化很小，而城区则是一个高温区，就像突出海面的岛屿，所以高温的城市区域就被形象地称为城市热岛。城市热岛效应使城市年平均气温比郊区高出1℃，甚至更多。夏季，城市局部地区的气温有时甚至比郊区高出6℃以上。

空气负离子与人体健康

自1931年一位德国医生发现空气中负离子、正离子对人体的影响以后，七十多年来，空气离子一直为欧、美、苏、日等国所积极研究的课题。通过

对大气中正、负离子的监测、研究，人们已发现大气中，空气离子是支配大气电场强、弱和构成环境中维持生态平衡的主要因素之一，从大气中离子的轻、重比例可以看出环境污染程度的高低，如轻离子浓度高，环境污染程度相对低些，反之，污染程度高，对人体健康影响就大。随着空间的正、负离子浓度不同，轻重不同，支配着生物的生理状况也不同，对病理也有不同反应。高浓度的轻负离子，可使人们注意力集中，精神振奋，工作效率提高，对治疗呼吸系统、免疫系统、神经系统及造血系统机能等疾病均有辅助疗效。在保健上，每天吸入高浓度的轻负离子空气后，人体肺部吸氧功能可增加20%，二氧化碳排出可增加14.5%，每天进行半小时“负离子淋浴”，对人的精神、情绪、思维、记忆力等，都有一定的增强和提高。

随着近代科学的发展，环境科学日益受人关注。人类活动范围现在已经从陆地扩展到太空、地球深处以及海洋深处，这些地方，人们要进入一个人造环境，比如在潜艇、宇宙飞船、密封的空调室内等特殊环境里工作，另外在公共场所的电影院、宾馆、饭店、人员拥挤的百货商店或商场等地方，均要适当增加空气中的负离子浓度，才能让人精神振奋、头脑清醒、情绪稳定，有效地提高工作效率。

室内空气质量与人体健康

人的一生中有70%～90%的时间是在室内度过，可见室内空气质量对人类健康的影响是多么重要。在人均居住面积没有解决的情况下，当然很难谈到改进室内空气质量。但在人们生活水平和居住条件不断改善的现在，改进室内空气质量，提高人们的健康水平就成为必然的了。

室内环境对健康的影响主要分为两大类型：一种称之为不良建筑综合症，另一种称之为建筑相关疾病。不良建筑综合症指的是在建筑物内生活和工作时会出现的症状。主要症状表现为：注意力不集中、抑郁、嗜睡、疲劳、头痛、烦恼、易感冒、胸闷等。一旦离开这种环境，症状会自然减轻或消失。

建筑相关疾病（BRI）指的是由于建筑选址、设计、选材不当，造成室内空气质量不良引起的疾病，主要有呼吸道感染、心血管疾病、军团病及各种癌症（如肺癌）。离开了引起建筑相关疾病的环境，症状也不一定会消失。无论是不良建筑综合症，还是建筑相关疾病，都可通过改善居住环境，提高室内空气质量，从而降低这些症状的发生率。

人类对空气污染引起健康危害的认识是有一个过程的。人类最早关注的空气污染物是二氧化硫（SO_2）、二氧化氮（NO_2）、一氧化碳（CO）、臭氧（O_3）和铅（Pb），它们被统称为传统空气污染物。一般来讲，传统空气污染物种类比较少；除铅以外，不会在人体内累积；主要会引起呼吸系统疾病；除氮氧化物以外，对其引起的健康效应已有相当的了解；一般在摄入几分钟（急性）到数年（慢性）内会出现反应。随着工业的发展和人类的进步，出现了越来越多的空气污染物，这些被统称为非传统空气污染物。

一般来讲，非传统空气污染物种类多，在人体内都有生物累积，可以引起人体内各器官的病变（人们最关心的是癌症）。目前关于非传统空气污染物对健康影响的知识了解甚少。室内空气污染物主要有以下几种形式：一种是悬浮颗粒物。按粒径大小又可分为总悬浮颗粒物、粒径小于10微米的悬浮颗粒物（PM10）和粒径小于2.5微米的悬浮颗粒物（PM2.5）。做饭和取暖时的室内燃烧或其他人类活动，都会使室内颗粒物浓度明显增加。许多化学污染物、生物污染物和氡衰变子体等都会附着在悬浮颗粒上，从而被人吸入体内造成危害。据研究，PM10的危害大于总悬浮颗粒物，而PM2.5的危害又大于PM10。可惜现在对PM2.5的研究还很不够。第二种室内主要空气污染物是品种日益增多的化学物质。这包括上面提到的绝大部分传统空气污染物、非传统空气污染物以及其他人类致癌物质。第三种室内污染是放射性污染。主要是氡及其短寿命衰变子体、地面g照射量率等。放射性对健康的影响主要是引起癌症发病率的增加。第四种室内污染是生物污染。主要指细菌、病毒、霉菌、尘螨、花粉、孢子、蟑螂等造成的污染。目前，国内对这方面的重视还不够，但WHO已相当重视，正在起草有关的建议书。严重急性呼吸综合症（SARS）即由生物污染引起。除此之外，物理因素造成的污染也不可忽视。主要表现为光、噪音、震动、属于非电离辐射的电磁辐射，超声、次声污染等。

建筑地点要选择在通风、向阳、干燥的地方，有利于排水，要远离交通干线，地基土壤没有被污染，土壤中的放射性核素含量要在正常水平。在建筑设计上，要注意到卫生学要求。强调自然通风，要能做到每人每小时有30立方米的新风量。在建筑装修材料的选择上，要选择那些合乎标准的建筑装

修材料，避免有害的化学溶剂、黏胶剂向室内释放。改掉不良生活习惯，也是保持室内良好空气质量的重要措施之一，值得重视。

保证良好的室内空气质量，当然要根据污染物的来源，采取适当措施。在所有措施中，加强室内通风，保持一定的新风量是最重要的措施。我们国家的“室内空气质量标准”已于2002年11月19日发布，并于2003年3月1日起实施。这是我们国家进行室内空气质量评价的依据。在我国的标准中，只对19种污染物给出了标准值，这当然还远远不够。各种污染物，尤其是化学污染物，要根据暴露时间给出不同的标准值。相信在下一步的修订中，必然会注意到这些问题。

城市空气污染状况取决于两个因素：污染物的排放情况和大气的扩散能力。在污染源相对稳定的情况下，污染物在大气中的扩散、迁移、流动和转化，与当时的气象条件密切相关，风向、风速、逆温层结、降水等气象因子对污染物的扩散起到重要作用。如当有降水出现，或有风的时候，往往有利于空气中污染物的扩散；反之当有雾或风很小时，往往容易出现空气污染加重。因此，开展空气质量预报使我们能够在实时监测空气污染状况的同时，根据未来气象条件的变化，预测未来空气质量状况，自觉减少或降低污染物的排放，从而达到从被动防御到主动预防的目的。

逆温层结

一般情况下，在低层大气中，通常气温是随高度的增加而降低的。但有时在某些层次可能出现相反的情况，气温随高度的增加而升高，这种现象称为逆温。出现逆温现象的大气层被称为逆温层或逆温层结。

在逆温层中，较暖而轻的空气位于较冷而重的空气上面，形成一种极其稳定的空气层，就像一个锅盖一样，笼罩在近地层的上空，严重地阻碍着空气的对流运动。由于这种原因，近地层空气中的水汽、烟尘、汽车尾气以及各种有害气体，无法向外向上扩散，只有飘浮在逆温层下面的空气层中，形成云雾，降低了能见度，给交通运输带来麻烦，更严重的是，使空气中的污染物不能及时扩散开去，加重大气污染，给人们的生命财产带来危害。

影响居室环境的因素

美国环境保护署一名叫詹姆斯·吕泼斯的工程师，做了一次有趣的试验，用随身携带的一只可吸入颗粒物的监测仪，记录了他一天活动时大气中可吸入颗粒物的浓度。他一天来除了在单位上班外，曾在华盛顿市区漫步；在交通高峰期间大街上开车；中午在自助餐厅进餐；晚上则在家里厨房烧晚饭。猜猜看，什么地方的污染最严重呢？

厨房是重要的污染地

有人一定会说：是在大街开车的时候，美国大街上车那么多，街上最脏了，要不就是在市区漫步的时候。检测的结果告诉我们，污染最严重的地方是家里，是家里的厨房。监测数据表明：虽然厨房有通风设备，但颗粒物浓度最高；其次是允许吸烟的自助餐厅内。这一结果真是出人意料，简直不可思议。后来，环境保护工作者们在这方面作了大量的监测和研究，都得出了相同的结论。

提起环境污染，人们的脑海中总是马上想到高入云天的烟囱里冒出来的滚滚浓烟；浑浊而发出臭味的河流；汽车过后尘土飞扬和摩肩接踵、人声鼎沸的大街；堆积如山的垃圾等等。确实，这些都是当今环境保护工作中亟待解决的问题。但是在人们日常生活的中心——家庭中，存在着更加直接地危害人们身体健康的污染。

目前，世界上更多的科学家认为，除了大环境与人体健康有关外，室内空气的质量与健康的关系更为密切。因为人的一生中大多数时间是在室内度过的，而其中又以在家里度过的时间为最多，大约占全部时间的60% ~70%。有人在北京燕山石化总厂做的调查表明，家庭厨房内与工厂区相比，一氧化

碳含量高4.5倍，氮氧化物含量高19倍，悬浮颗粒物含量高3.8倍，而且大大超过国家规定的居民区大气有害物质标准。云南宣威地区，农民长期采用火塘燃烧烟煤取暖做饭，致使室内各种有害物质超过居民区大气标准4.5～700倍。1987年，联合国环境规划署将这一年的世界环境日的主题确定为“环境与居住”，居室污染问题被提到议事日程上来了。

居室之所以成为污染最严重的地方，这和人们的思想意识有关。人们常常对身边周围习以为常的事情熟视无睹。当人们对环境保护的重要性有所认识的时候，一般都会把目光盯向那些令人触目惊心的公害事件和异常现象。但对人们生活最有影响的几十立方米的有限空间日益严重的环境污染，很多人却漠不关心，对来自身边的危害，有些人不以为然，不少人甚至对此一无所知。他们总觉得居室就是自己的家，是最温馨、最安全的地方，是一家人欢欢乐乐团聚的地方，怎么会是污染最严重的地方。可事实就是事实。

居室内的污染主要是空气污染，污染物质的来源也十分复杂。在通常的家庭生活中，由于炊事、取暖、吸烟以及其他生活内容，都可造成室内空气污染。由此可见，不同的时间，室内污染最严重的地方也可能不同。

我国许多城乡居民的炊事用燃料主要还是煤炭，哪里有火哪里就有污染。由于大部分炉具和灶具比较落后，它们的共同特点是没有烟囱的开放式低空排放；间断用火，封火时不完全燃烧时间长，加重了一氧化碳的排放；炉具、灶具的炉膛浅，煤炭中部分挥发物质来不及燃烧就跑出了炉膛。一些使用煤气、石油液化气灶具的厨房，在通风不良的状况下，厨房内的一氧化碳和二氧化氮的浓度很快就会超过空气污染严重的工厂区。所以说，当家里做饭的时候，尤其是油炸、熏制各种食物时，污染最严重的地方就是自家的厨房。

家里来了客人，迎进客厅，沏上茶水，递上香烟，于是乎屋里烟雾腾腾。这时的客厅可能是污染最严重的地方。

你家里安装了空调器、空气清新器，如长期没有清洗滤网、活性炭滤清器等，那么空调器、空气清新器就可能成为你家里又一个散布粉尘和细菌的主要污染源。性能差的空气清新器不仅不能产生对人体健康有利的空气负离子，反而会产生大量影响人体内细胞的新陈代谢、加速人体衰老的臭氧。有了空调也千万不要贪凉，居室必须有适宜的气温，室内外的温差不宜过大。夏季室内温度24℃～26℃较为适宜，室内气温太低和室内外温差大，很可能使你患上感冒。

如果你家最近重新进行了内装修，墙面贴了塑料壁纸，地面铺上了地板革或地板砖，那么你和你的家人无疑如同住进了一个塑料盒里了。这些塑料壁纸、地板砖、地板革和黏结剂将日夜散发出甲醛、苯等污染物质，几个月甚至一两年都散发不尽。如地面铺上地毯而又不经常用吸尘器打扫，那么地毯就成了藏污纳垢，细菌和尘螨等有害微生物的孳生场所。

也许你不会相信，居室内居然也有放射性辐射，这就是氡。氡是一种天然的放射性气体，无色、无臭，是铀衰变的产物，使人的肺部受到辐射的危害。氡是仅次于香烟的第二号致肺癌物质。氡主要是通过建筑材料和生活用煤的燃烧而释放到室内空气中来的。调查证明，室内的氡浓度大约为室外的3.7倍。这是由于冬季为了保暖很少开窗通风的缘故。

其实，在我们日常生活中，那些习以为常的事物都可能隐藏着“杀机”，除了以上提到的以外，还有一些如燃用蚊香而产生悬浮颗粒物和苯并芘等，可使室内的悬浮颗粒物浓度增加90多倍，苯并芘可增加130多倍。因此应使用电热驱蚊片。又如许多祛斑霜、增白剂里汞的含量可能超过规定；某些香粉、口红、染发剂不仅仅含有铅，含量还可能超过规定；生发剂、雪花膏等砷的含量超过规定；一些化妆品的细菌含量超过了国家规定，因此要谨慎选择和使用化妆品。又如各种家用电器都是电磁辐射源。人体长期受到低强度的电磁辐射，使人的中枢神经系统受到影响，会产生头晕、嗜睡、无力、记忆力减退等症状。电磁波对心血管系统、血液系统、内分泌系统、免疫系统也有一定的影响。所以家用电器如音响设备的功率不要过大、电视机屏幕不是越大越好，不要同时打开多个家用电器，电冰箱不要放在卧室内。

最使人料想不到的是，居室的主人本身也是污染源，由于人体的新陈代谢，每小时约有60万粒皮肤屑脱落，这些粉屑在室内空气漂浮，在居室中堆积。英国科学家对密闭的居室内的尘埃分析后，发现90%的成分竟然是人体的皮肤微粒。

声音影响胎儿的生长发育

近年来，关于噪声对生殖系统的影响的研究特别引人注目。一些学者通过动物实验观察到，老鼠等动物在噪声作用下，性周期紊乱，尤其是发情期延长，使排出的卵细胞过熟或是多精子受精。另外，受到噪声影响，乳牛的乳汁分泌量降低，母鸡的产蛋量下降。究其原因，在噪声刺激下，促性腺激素分泌的节律性紊乱，这样不仅使出生率降低，而且在未受精卵和受精卵中发现有染色体异常而导致畸胎出生或流产等现象发生。

研究者还证实，胎儿在6个月时，内耳已完全发育，对声音能起反应。有人测试胎儿的心跳，发现音乐可使心跳的频率有变化，胎动也会增加。胎儿熟悉母亲的心音、肠鸣音和血流的冲击声。当外界突然响起刺耳的噪音，胎儿就会剧动。1974年，日本学者在日本大阪机场周围调查中发现，孕妇流产多，出生儿平均体重低，相当于世界卫生组织规定的早产儿体重，其原因可能是在噪声的不断刺激下，使母体子宫血管收缩，从而引起胎儿发育所必需的营养素和氧气的供应不足。另外，噪声可刺激内耳，引起脑神经发育障碍，使胎儿生长受到影响。

现在，人们发现，胎儿能听到成年人所听不到的极低频率音调，低频抑制其活动，高频增加其活动。胎儿乐于接受低沉委婉的音乐，并能做出反应；而不愿接受尖细、高调的音响。为此，医学科学工作者会对胎儿进行低调委婉的音乐训练，让父亲用低沉的音调给胎儿唱歌，经常在室内播放旋律优美的音乐，婴儿出生后往往很快适应新的环境，生长发育良好。

噪声污染

噪声是发生体做无规则运动时发出的声音，通常所说的噪声污染是指人为造成的。从生理学观点来看，凡是干扰人们休息、学习和工作的声音，即不需要的声音，统称为噪声。当噪声对人及周围环境造成不良影响时，就形成噪声污染。产业革命以来，各种机械设备的创造和使用，给人类带来了繁荣和进步，但同时也产生了越来越多，而且越来越强的噪声。

各种光对人体健康的影响

白亮光对人体的影响

当太阳光照射强烈时，城市里建筑物的玻璃幕墙、釉面砖墙、磨光大理石和各种涂料等装饰反射光线，明晃白亮、炫眼夺目。专家研究发现，长时间在白色光亮环境下工作和生活的人，视网膜和虹膜都会受到程度不同的损害，视力急剧下降，白内障的发病率高达45%。还使人头昏心烦，甚至发生失眠、食欲下降、情绪低落、身体乏力等类似神经衰弱的症状。夏天，玻璃幕墙强烈的反射光进入附近居民楼房内，增加了室内温度，影响正常的生活。有些玻璃幕墙是半圆形的，反射光汇聚还容易引起火灾。烈日下驾车行驶的司机会出其不意地遭到玻璃幕墙反射光的突然袭击，眼睛受到强烈刺激，很容易诱发车祸。

炫目彩光伤害人体

据光学专家研究，镜面建筑物玻璃的反射光比阳光照射更强烈，其反射率高达82%～90%，光几乎全被反射，大大超过了人体所能承受的范围。

眩光对人体的影响

汽车夜间行驶时照明用的头灯，厂房中不合理的照明布置等都会造成眩光。某些工作场所，例如火车站和机场以及自动化企业的中央控制室，过多和过分复杂的信号灯系统也会造成工作人员视觉锐度的下降，从而影响工作效率。焊枪所产生的强光，若无适当的防护措施，也会伤害人的眼睛。长期

在强光条件下工作的工人（如冶炼工、熔烧工、吹玻璃工等）也会由于强光而使眼睛受害。

人工白昼对人体的影响

夜幕降临后，商场、酒店上的广告灯、霓虹灯闪烁夺目，令人眼花缭乱。有些强光束甚至直冲云霄，使得夜晚如同白天一样，即所谓人工白昼。在这样的“不夜城”里，人们夜晚难以入睡，人体正常的生物钟被扰乱，导致白天工作效率低下。人工白昼还会伤害鸟类和昆虫，强光可能会破坏昆虫在夜间的正常繁殖过程。

目前，大城市普遍过多使用灯光，使天空太亮，看不见星星，影响了天文观测、航空等，很多天文台因此被迫停止工作。据天文学统计，在夜晚天空不受光污染的情况下，人们可以看到的星星约为7000个，而在路灯、背景灯、景观灯乱射的大城市里，只能看到大约20～30个星星。

彩光对人体的影响

舞厅、夜总会安装的黑光灯、旋转灯、荧光灯以及闪烁的彩色光源构成了彩光污染。据测定，黑光灯所产生的紫外线强度大大高于太阳光中的紫外线，且对人体有害影响持续时间长。人如果长期接受这种照射，可诱发流鼻血、脱牙、白内障，甚至导致白血病和其他癌变。彩色光源让人眼花缭乱，不仅对眼睛不利，而且干扰大脑中枢神经，使人感到头晕目眩，出现恶心呕吐、失眠等症状。

科学家最新研究表明，彩光污染不仅有损人的生理功能，而且对人的心理也有影响。“光谱光色度效应”测定显示，如以白色光的心理影响为100，则蓝色光为152，紫色光为155，红色光为158，黑色光最高，为187。要是人们长期处在彩光灯的照射下，其心理积累效应，也会不同程度地引起倦怠无力、头晕、性欲减退、阳痿、月经不调、神经衰弱等身心方面的病症。

另外，有些学者还根据光污染所影响的范围大小将光污染分为室外视环境污染、室内视环境污染和局部视环境污染。其中，室外视环境污染包括建筑物外墙、室外照明等；室内视环境污染包括室内装修、室内不良的光色环境等；局部视环境污染包括书簿纸张和某些工业产品等。

激光对人体的影响

激光污染也是光污染的一种特殊形式。由于激光具有方向性好、能量集中、颜色纯等特点，而且激光通过人眼晶状体的聚焦作用后，到达眼底时的光强度可增大几百至几万倍，所以激光对人眼有较大的伤害作用。激光光谱的一部分属于紫外和红外范围，会伤害眼结膜、虹膜和晶状体。功率很大的激光能危害人体深层组织和神经系统。近年来，激光在医学、生物学、环境监测、物理学、化学、天文学以及工业等多方面的应用日益广泛，激光污染愈来愈受到人们的重视。

红外线对人体的影响

红外线近年来在军事、人造卫星以及工业、卫生、科研等方面的应用日益广泛。红外线是一种热辐射，对人体可造成高温伤害。较强的红外线可造成皮肤伤害，其情况与烫伤相似，最初是灼痛，然后是造成烧伤。红外线对眼的伤害有几种不同情况，波长为 7500 ~ 13000 埃的红外线对眼角膜的透过率较高，可造成眼底视网膜的伤害。尤其是 11000 埃附近的红外线，可使眼的前部介质（角膜、晶体等）不受损害而直接造成眼底视网膜烧伤。波长 19000 埃以上的红外线，几乎全部被角膜吸收，会造成角膜烧伤（混浊、白斑）。波长大于 14000 埃的红外线的能量绝大部分被角膜和眼内液所吸收，透不到虹膜。只是 13000 埃以下的红外线才能透到虹膜，造成虹膜伤害。人眼如果长期暴露于红外线，可能引起白内障。

紫外线对人体的影响

紫外线最早应用于消毒以及某些工艺流程。近年来它的使用范围不断扩大，如用于人造卫星对地面的探测。紫外线的效应按其波长而有不同，波长为 1000 ~ 1900 埃的真空紫外部分，可被空气和水吸收；波长为 1900 ~ 3000 埃的远紫外部分，大部分可被生物分子强烈吸收；波长为 3000 ~ 3300 埃的近紫外部分，可被某些生物分子吸收。

紫外线主要伤害人体的眼角膜和皮肤。造成角膜损伤的紫外线主要为 2500 ~ 3050 埃部分，而其中波长为 2880 埃的作用最强。角膜多次暴露于紫外

线，并不增加对紫外线的耐受能力。紫外线对角膜的伤害作用表现为一种叫做畏光眼炎的极痛的角膜白斑伤害。除了剧痛外，还导致流泪、眼睑痉挛、眼结膜充血和睫状肌抽搐。紫外线对皮肤的伤害作用主要是引起红斑和小水疱，严重时会使表皮坏死和脱皮。人体胸、腹、背部皮肤对紫外线最敏感，其次是前额、肩和臀部，再次为脚掌和手背。不同波长紫外线对皮肤的效应是不同的，波长2800～3200埃和2500～2600埃的紫外线对皮肤的效应最强。

环境中的生物与人体健康

每当春暖花开的时候，有的人就会染上哮喘，这是为什么呢？

原来，在鲜花盛开的季节，空气中到处散布着各种鲜花的花粉，这些花粉大部分非常微小，小到我们需要借助放大镜甚至显微镜才能看到。这些花粉小颗粒在空气中到处飘荡，飘到了同类植物花的雄蕊上与雄蕊相结合，完成生儿育女繁殖下一代的任务。但有的花粉却飘进了人的呼吸道，致使有的人因过敏而诱发了哮喘。

当然，这不能称之为空气污染或空气的生物污染，充其量只能算自然污染，如同火山喷发出来的火山灰致使空气中颗粒物严重污染一样，这是自然（灾害）现象。但至少说明，自然界的一些有生命的物质，同样可能危害我们人类的健康。如空气、水体、土壤、昆虫和食品中的致病细菌、某些致病微生物，都可能危害我们的健康。

大气中的微生物大多附着在灰尘微粒上随风飘荡，因此，空气中灰尘的增多往往意味着微生物的增多。一般来说，空气中的微生物城市比农村多，交通频繁的街道比绿化地带多，靠近地面的空气比高层大气中多，当然这也与季节、气候和人口密度等因素有关。

空气中的微生物绝大部分是非致病的，致病的仅仅是少数。由于空气中缺乏细菌和微生物生长的足够水分和养料，特别是致病的细菌和微生物在阳光（紫外线）照射、干燥以及大气迅速稀释的条件下，很容易死亡。所以在室外的条件下，一般不易发生呼吸道传染疾病的传播。而在室内就不同了，特别是在通风不良、人员拥挤的公共场所环境中，灰尘、致病细菌和微生物就比较多，很可能引起疾病的传播。

空气中的致病微生物和细菌是怎样进入人体传播疾病的呢？一是附着在尘埃上被吸入人体；二是附着在从鼻腔和口腔喷出的飞沫上，有的可能直接被吸入人体，有的落地后因失去水分干燥而死亡，有的落在潮湿的地方继续繁殖，再飞扬起来被吸入人体。经空气传播可引起流行的病毒性呼吸道传染病有流行性感冒、流行性腮腺炎、麻疹、水痘、风疹、病毒性肺炎等，细菌性传染病有结核、流行性脑脊髓膜炎、猩红热、白喉、百日咳等。

另外，有的病人或带菌者的排泄物如痰液、脓血、粪便以及外科用敷料（即纱布、绷带等）可能带有金黄色葡萄球菌或溶血性链球菌等，这些排泄物干燥后成为带菌的尘埃，因室内打扫、人员活动和空气流动而飞扬起来造成空气污染。这种污染了的空气往往可造成一些患有体表创伤、烧伤等的患者发生感染，引起化脓、发烧等症状，使疾病进一步恶化。

所以，公共场所和居室应保持良好的通风和环境卫生，个人应养成良好的卫生习惯，做到不随地吐痰。

水体的生物污染要比大气复杂得多。水是微生物广泛分布的天然环境，不论是地面水或地下水，甚至雨水或雪水，都含有细菌、病毒、真菌、藻类、钩端螺旋体、原虫等多种微生物。水中的微生物绝大多数是水中的天然的寄居者，另一些是来自土壤和与尘埃一起从空气中降落下来的，它们一般对人体无致病作用。此外还有一部分却会对人体带来不尽的灾难。这部分是随垃圾、人畜粪便、动植物尸体以及工农业、医院（尤其是传染病医院）废水、废弃物进入水体的，除了各种无机物（如重金属、砷等矿物质）、有机物（如油脂类、石油类、营养物质、洗涤剂）等外，还有某些病原体。一部分病原体可较长地生活于水环境中，借助人与水的密切关系而导致传染病的流行。

据世界卫生组织的调查，在发展中国家有80%以上的居民得不到安全的饮用水。因饮水不卫生而引起的各种疾病每年高达6亿人次，导致每天死亡的人数以万计，儿童中约50%的死因与饮水有关。饮用水的优劣直接关系到人们的身体健康，因而要采取切实有效的措施管理好饮用水。

微生物病原体同样污染土壤而危害人体，主要方式有3类。1. “人——土壤——人”方式，即人体排出的病原体直接经由施肥和污水灌溉等污染土壤，人直接接触土壤或生吃该土壤上种植的瓜果蔬菜而感染。除了与水体微生物污染同样引起的细菌和病毒性疾病外，主要是引起肠道寄生虫病。蛔虫

病就是其中之一。蛔虫病遍及全世界，在我国有报道认为感染率可达70%以上，农村显著高于城市。钩虫病在我国的流行也十分广泛，贫血是钩虫病的主要症状。2. 有病动物排出的病原体污染土壤，人与污染土壤直接接触而感染得病，这就是“动物——土壤——人”方式。这种方式中最值得一提的是炭疽杆菌引起的急性传染病。炭疽原是食草动物的传染病，但炭疽杆菌可从损伤的皮肤、胃肠道和呼吸道黏膜进入人体释放毒素。主要表现为皮肤坏死或特异的黑痂，肺部、肠道及脑膜的急性感染，有时伴有炭疽杆菌败血症。3. 自然土壤中存在的致病菌，人接触污染土壤而得病，即“土壤——人”方式。破伤风是由破伤风杆菌经伤口侵入后产生外毒素引起的一种严重感染。主要临床特征为牙关紧闭，局部或全身肌肉呈强直性与阵发性痉挛。破伤风杆菌广泛地存在于人和动物肠道中，随粪便排出，在外界环境下形成芽孢，可存活多年。由于其在自然界广泛分布，一般土壤中都存在，故认为是自然土壤中存在的病原菌。

麦类赤霉病

对施加于土壤的人畜粪便及污泥等先经过无害化的灭菌处理，是防止土壤生物污染的有效方法。

微生物同样会污染粮食、蔬菜、水果、禽蛋、肉类、水产品、食油、食盐、糖、糕点、茶叶及乳类、酒类、冷饮等。食物的生物性污染对人体健康的影响大致可分为细菌性食物中毒、真菌性食物中毒和引起寄生虫病3类。

引起细菌性食物中毒的食物主要是受到污染的动物性食品，如鱼、肉、奶及其制品，当然其余的被污染食品也可引起中毒。食品被致病性细菌污染后，在适宜的条件下致病细菌大量繁殖，食物在食用前又不经加热或加热不彻底，食用后使人中毒。能引起人体食物中毒的致病细菌很多，如小肠结肠炎耶尔森氏菌，它是一种嗜冷菌，在低温情况（0℃）下仍能繁殖，主要通过污染的肉类和奶类引起食物中毒，婴幼儿感染率较高。常见症状有腹泻、腹痛、恶心、呕吐等。所以，冰箱内的食品不宜储存过久。此外还有肉毒梭菌、蜡样芽孢杆菌、副溶血弧菌和沙门氏菌属及致病性大肠杆菌。肉毒梭菌存在于土壤、尘土及动物粪便中，在缺氧情况下可产生一种强烈的神经毒素，毒素经消化道吸收后，可引起肌肉麻痹、损伤颅神经，并伴有走路不稳等中枢神经系统症状。我国发生的肉毒中毒多由植物性食物引起，如家庭自制的豆豉、豆酱等。肉毒毒素对热不稳定，只要加热到100℃约10～20分钟即可完全破坏。蜡样芽孢杆菌在自然界分布极广，在室温下即可繁殖，引起米饭、熟食变质。副溶血弧菌则是一种嗜盐菌，它引起的食物中毒症状为上腹部阵发性绞痛和洗肉水样血小便。

某些真菌在粮食和饲料中寄生会产生毒性代谢产物或毒素，这些毒素抗热能力较强，不因通常的加热而被破坏，一旦人、畜食入被它污染了的粮食或饲料时，就可能发生中毒现象。目前已发现的真菌毒素多达300种以上，对人体健康影响较大的有黄曲酶毒素、赤霉病麦毒素。

黄曲酶毒素是黄曲霉、寄生霉等菌株的代谢产物，已明确结构的有十多种，主要污染粮、油及其制品。对实验动物毒性比氰化钾还高，亦可使人发生急性中毒。黄曲霉毒素对动物有强烈的致癌作用，可诱发肝癌，但对人类肝癌的关系尚难以得到直接的证据。尽管如此，目前许多国家都对食物中黄曲霉毒素的容许含量制定了卫生标准，一般规定在5～20微克/千克范围间。

麦类赤霉病是粮食作物的一种重要病害。我国农民很早就发现赤霉病麦，因其食后可引起昏迷而称其为“昏迷麦”，引起此病的霉菌是禾谷镰刀菌。人误食赤霉病麦后，轻者头昏腹胀，重者有较重的消化道症状及头痛、颜面潮红等。

食物受到寄生虫的污染可引起各种寄生虫病，最常见的有蛔虫病、绦虫病、旋毛虫病、阿米巴病、肝吸虫病等。值得一提的是绦虫病，绦虫病包括牛肉绦虫病、猪肉绦虫病等，系不同种的绦虫所致。猪肉绦虫中间宿主主要是猪，其次为狗、猫、羊等，终宿主是人。含有虫卵的绦虫孕节随粪便被猪吞食后，孵化出钩蚴钻入猪身体各部长成囊尾蚴，以肌肉中为多，肉眼即可见的细小颗粒，俗称“米猪肉”。人吃了未煮熟的“米猪肉”而被感染。囊尾蚴在人肠中发育为成虫，可长达2～4米，引起肠黏膜损伤症状。

世界卫生组织

世界卫生组织，简称世卫组织或世卫，是联合国属下的专门机构，国际最大的公共卫生组织。1946年，国际卫生大会通过了《世界卫生组织组织法》。1948年4月7日，该法得到26个联合国会员国批准后生效，世界卫生组织宣告成立。

世界卫生组织的宗旨是使全世界人民获得尽可能高水平的健康，主要职能包括：促进流行病和地方病的防治；提供和改进公共卫生、疾病医疗和有关事项的教学与训练；推动确定生物制品的国际标准。

世界卫生组织是国际上最大的政府间卫生组织，只有主权国家才能参加。截至2005年5月，世界卫生组织共有193个成员国。

环境污染侵袭人类的健康

HUANJING WURAN QINXI RENLEI DE JIANKANG

工业革命之后，社会生产力急速发展，极大地丰富了人类的物质和精神文明。但是与此同时，人类对自然环境的破坏也前所未有得严重了。由于煤、石油、天然气等矿物燃料的大量使用，原本干净的空气被它们排放出的二氧化碳、二氧化硫、一氧化碳等有毒有害气体污染了，直接导致了地球温室效应的发生和酸雨的危害。由于滥砍滥伐，大片的森林从地球上消失，大量的动植物从此灭绝……

日益严重的环境污染和生态破坏已经严重地影响到了人类的健康。每年都有许多人因环境污染引发的各种问题而丧命，每年都有许多人因生态破坏而感染各种疾病……毫不夸张地说，环境污染正在以前所未有的凶残侵袭着人类的健康。

困扰人类的十大环境问题

根据环境污染与人类健康的关系，科学家总结出了目前困扰人类的十大环境问题。这些问题时刻在侵袭着人类的健康。

（一）人口暴增与人体健康恶化：1999 年，世界人口突破了 60 亿大关，到 2100 年将翻一番。在发达国家，由于饮食、吸烟和缺少身体锻炼，循环系统疾病占死亡人数的 1/4，癌症占 1/5。在发展中国家，多数疾病与饮食不洁、卫生条件有关，主要患传染病和营养不良。

（二）人类居住条件差：1800 年，全世界只有 5000 万人（占总人口 5%）住在城市里；到了 1985 年，全球城市人口竟达 20 亿（占总人口 42%）；2025 年，全球城市人口将达 60%。在发展中国家，人口多数住在农村地区，居住条件差；城市中千百万人没有住房，或栖身贫民窟，或睡在马路上。

（三）土地盐碱化和土壤流失：全球土地盐碱化严重。土壤耗竭、土壤退化和土壤流失已成为全世界最严重的问题之一。

（四）森林大面积减少：自 1950 年以来，全世界森林面积减少了 15%；至 1985 年，全球森林面积为 41.47 亿公顷。目前，热带森林继续遭到严重破坏，大片林地改为农耕地。

（五）沙漠化日趋扩大：日趋扩大的沙漠，威胁着全球 1/3、约 4800 万平方千米土地，并威胁着 8.5 亿人的生活。

（六）物种消失：世界各地的野生生物继续受到威胁，许多物种濒于灭绝。每年非法出售野生动物产品的总价值达 10 亿美元。

（七）水污染加剧：目前，第三世界 49% 的人口有安全饮用水，12 亿人缺乏安全用水，14 亿人在饮用没有废水处理设施处理的水。

（八）海洋污染日益严重：每年有 200 亿吨污染物从河流入海。城市垃圾和污水、船舶废物、石油、工业污泥、放射性废物等大量涌入海洋。

（九）大气污染严重：全球每年排放到空气中的铅为 200 吨、砷 78000 吨、汞 11000 吨、镉 5500 吨，超出自然背景值 20～300 倍。

（十）有害废物污染与日俱增：全世界每年生产有害废物达 3.3 亿吨。目前日常用品中有 70000 种化学品，其中 35000 种对人体健康不利。

人口增长制造的环境压力

人类是地球生物中的消费贵族，对环境的贪婪索取和肆意破坏真是惊天地、泣鬼神。每增加一个人，地球环境就必须为他支付土地、空气、水、森

林、能源和生物资源，而且这种支付必须是双份的，一份用来维持这个人生命的存在，一份供这个人用作额外消费，比如破坏。

从远古到现在，人口的增长速度越来越快，人类对于环境的索取越来越多，破坏环境的力度越来越大。地球环境的资源是有限的，它正在一天天地减少，而人口的增长是无限的。如今地球上的人口总数已超过65亿，且正在以每年2%的速度增长。也就是说，从今往后地球每年至少要增加1.2亿人。

在现代社会，人类的消费水平大大提高。发达国家如美国的人均消费又是发展中国家的几倍甚至十几倍，这种高消费势必要消耗更多的能源、水和食物，又要排出更多的废水、废气、废渣。我们知道，光生活垃圾就已是许多城市头疼的大问题了，可想而知人口剧增给环境带来的压力之大了。

人口剧增给土地资源带来了巨大压力。以我国为例，预计到21世纪30年代，我国人口将达到16亿~17亿，届时粮食总量至少需要比目前水平增加2500亿公斤。有专家担忧，这增加的一部分粮食从我国哪里的耕地中产出？据科学计算，地球上生产的食物最多可以养活80亿人，这个数字，再过几十年就能达到。这就要求土地支付足以使这些人生活的粮食和生存空间。如果人类不得不靠施用大量化肥和农药来提高粮食产量，垦荒为田，那么，这些都势必以破坏环境为代价。

人口剧增也会增加对木材的要求，乱砍滥伐使森林面积一天天减少，土地荒漠化、水土流失等生态恶化问题更趋于严重。

人口剧增也会带来新的能源危机。据勘察，地球上可供开采的石油有816亿吨，天然气495亿吨，煤10万亿吨。按目前的消费状况，石油和煤炭等不可再生资源将很快就被开采完毕。

人口剧增在一定程度上减少了水资源的总量，人类已经尝到水资源缺乏的滋味。由于人类农业、工业、生活用水量急剧增加，水资源污染严重、生态失衡导致雨量减少等原因，在全球人口刚过60亿之时，世界性的水资源已经告急，所以节约用水和开发新的淡水资源势在必行。

人口剧增对生物资源的需求量增大，由于人类吃的范围越来越广和生态环境的进一步恶化，致使生物物种大量灭绝。

总之，人类现在所面临的一切环境危机，无不与全球人口剧增有关。考虑到地球环境的承受能力，人类必须坚决彻底地有计划控制人口增长。

知识点

自然资源分类

科学家将人类所利用的自然资源分为两类：一是不可再生资源，二是可再生资源。不可再生资源是指被人类开发利用一次后，在相当长的时间，如千百万年之内都不可自然形成或产生的物质资源。这类资源包括自然界的各种金属矿物、非金属矿物、岩石、石油、天然气等。

可再生资源是指被人类开发利用一次后，在一定时间，如一年内或数十年内就通过天然或人工活动可以循环地自然生成、生长、繁衍，有的还可不断增加储量的物质资源。这类资源包括地表水、土壤、植物、动物、水生生物、微生物、森林、草原、空气、阳光、气候资源和海洋资源等。

危害人类健康的大气污染

地球外围的大气层是人类和其他生物赖以生存的、片刻也不能缺少的物质。一个成年男子每天需要大约15千克空气，远远超过他需要的食物量和饮水量，可见空气质量的好坏对人体健康多么重要。

天晴的时候，清洁的大气使天空看上去蔚蓝蔚蓝的，使人格外赏心悦目。相反，大气一旦受到污染，即使是晴天，天空也变得灰蒙蒙、雾茫茫的。这样，人会有一种压抑的感觉，身体出现不适，心情越来越坏。洁净的大气，通常含有78%的氮气，21%的氧气，0.03%的二氧化碳，0.93%的氩气，还有臭氧、甲烷、氨气、氖、氦等微量的其他气体。大气一旦受到污染，就说明各种气体的构成比例失调。科学家们发现，至少有一百种大气污染物对环境造成危害，其中对人类威胁较大的有二氧化硫、氮氧化物、一氧化碳、氟氯烃等。

某些自然现象足可影响空气的组成成分，造成大气污染。如火山爆发向空气喷发出大量的二氧化碳和粉尘；电闪雷鸣有时能引起森林火灾，消耗空气中的氧气，增加空气中的二氧化碳。但这些影响不普遍，也不长久，一段时间后空气可自行恢复原状。

人类不合理的生产和生活活动对大气造成的污染极为严重。许多现代化大工厂不断向大气中排放各种各样的物质，包括许多有毒有害物质。据统计，全世界每年排放二氧化硫 1.5 亿多吨、二氧化碳 2 亿多吨、悬浮颗粒物 23 亿吨和氮氧化物 6900 万吨。这就对大气造成极为严重的污染，使空气成分长期改变而不能恢复，以至对人和其他生物产生不良影响

大气污染轻者，人和生物当时感觉不出，时间长了就会生发各种病症；污染比较严重的，易使人流泪、咳嗽、头痛、恶心；特别严重的，会使人窒息甚至于丧命。

大气污染不仅影响人体健康，还会改变气象规律。全球气候变暖、酸雨、臭氧空洞等，归根结底是由大气污染造成的。

科学家们根据进入大气中的多种物质对人类健康、生物、气候的影响制定出最大允许浓度作为标准。如果某种物质超标，就说明大气受到污染，超标越多，说明污染越严重。如今，我国北京、上海等许多大城市每天都向市民发布空气质量报告。

说到空气污染，人们往往自然联想起空气中的氟化氢、氯化氢、二氧化硫、一氧化碳等有害气体。其实，除此之外，空气中飘浮的细小微粒也是严重的污染源。这些直径不到千万分之一米的微粒被定名为“PM10”，人们称其为“空气杀手”。有些专家认为，它是造成伦敦每年死亡许多人的罪魁祸首。美国《纽约时报》载文说：一个环保组织得出的最新计算结果表明，因吸入污染空气中的微粒而死亡的人数在洛杉矶地区每年达 5000 多人，在纽约每年达 4000 多人。

英国《新科学家》杂志报道说，美国、波兰和捷克科学家在污染严重的东欧地区进行研究后得出了微粒污染会阻碍胎儿在子宫内生长发育的结论。纽约哥伦比亚大学的弗雷德丽卡·佩雷拉在布达佩斯的一次医学会议上说，妇女在怀孕期如果生活在微粒污染物含量很高的环境中，生下的婴儿头部和躯干较小，这些儿童患癌症的危险性可能增大，他们以后的学习能力也可能受影响。《新科学家》杂志同时报道说，美国环保局在捷克共和国的北波希米亚所作的一项研究也得出了同样的结果。

美国自然资源保护委员会对 239 个城市所作的研究表明，如果将每立方米空气中微粒的重量限定不超过 20 毫克，那么每年可能挽救 4700 人的生命；

如果限定在10毫克，每年就可挽救大约5.6万人的生命。有人测定，当空气中飘浮的微粒达100微克时，儿童气喘显著增多；达200微克时，老人和体弱者死亡率增加。

更使人担心的是，心脏病的发病率的变化也与空气微粒的增减密切相关。当空气微粒的数量增加时，因心脏病死亡的人数也会急剧增加。哈佛公共卫生学院的道格拉斯·多克里博士在对美国6个城市进行调查时，发现了死亡与空气微粒联系的证据。

尽管空气微粒引发心脏病的机理尚待研究，但是，考虑到血液必须经过肺部，多克里博士认为，可能存在如下两个方面的原因：1. 物理方面的原因。近年来科学家已发现，人们每次呼吸都往肺部深处吸入大量微粒，在正常情况下，大约一次吸气要吸入50万个微粒。这些微粒进入肺部深处，就会作为经常性刺激物留在肺里。这种刺激物会导致炎症并产生黏液，使呼吸困难，甚至导致死亡。2. 化学方面的原因。微粒可以充当把化学污染物（如酸类物质、铅、汞等金属）带入肺部深处的媒介，这些物质会加速游离基之类有害物质的产生。

空气中微粒的来源十分广泛，以煤为燃料的火力发电站产生的微粒最多，烧1吨煤排放的这种微粒就达10千克；以汽油和柴油为能源的各类机动车，以及工业锅炉产生的微粒量也很大。此外，还有狂风刮起裸露地上的尘土，工业区中冶金企业、石灰厂、水泥厂等排放的微粒，车辆排放的氧化氮变成的硝酸盐微粒，电厂排放的氧化硫产生的硫酸盐微粒等。

为了对付微粒这个“空气杀手”，人们想到了森林。研究表明，森林具有清除空气微粒的“过滤器”的作用。由于树木枝繁叶茂，滞尘面积大，同时，枝叶具有与烟尘相反的电荷，能吸附飘尘。此外，林内湿度大，增加了对微粒的附着力；枝干和茂密的枝叶能阻止狂风减低风速，也使微粒不易被刮起，加之微粒又是雨滴的凝聚核，随雨降落地面，雨后大气中微粒大大减少，染尘树木经雨水冲刷后又可恢复其滞尘能力。据测定，1公顷松林每年能清除微粒36吨，1英亩林带1年可吸收并同化污染物100吨；榆树的吸尘能力高达3.39克/米^2。此外，如毛白杨、大叶杨、泡桐、紫穗槐、女贞、夹竹桃、侧柏等都是滞尘的好树种；青杨、桑树有吸铅尘的本领；桂花、棕榈、腊梅都有吸汞的能力。难怪人们将森林称为降服空气尘埃的“克星”。

大气层

大气层是包围在地球周围的一层很厚的气体，厚度在1000千米以上，但没有明显的界线。随着高度的不同，大气层表现出不同的特点。根据不同高度的大气层表现出的不同特点，科学家把整个大气层分为5层。这5层从下往上分别是对流层、平流层、中间层、暖层和散逸层。

大气层的成分是氮气、氧气、氩气、二氧化碳以及少量的稀有气体和水蒸气。按体积计算，氮气约占78.1%，氧气约占20.9%，氩气约占0.93%，二氧化碳、稀有气体和水蒸气约占0.7%。

在地球引力的作用下，大气层犹如一层保护伞，被牢牢地吸引在地球的周围，保护着地球上的一切。现在已经发现，太阳系的其他行星也有各自的大气层，其组成成分各不相同。

不容忽视的酸雨威胁

酸雨是大气污染造成的严重后果之一。和大气污染一样，酸雨也威胁着人类的健康。什么是酸雨呢？一般地说，酸雨与从天上落下来普通的雨明显地不同，它带有一种特殊的酸性物质，一旦飘进眼睛就会使人感到酸痛，落到皮肤上也好像被蚊子叮了一下似的。如果从科学的角度来解释的话，我们必须采用化学上的pH值计量方法，pH值是衡量物质酸碱度的数值，pH值越小，酸性越强。正常降雨的pH值是5.6，而酸雨的pH值都低于5.6。

酸雨的危害

酸雨的危害性是非常大的，它能影响水体的化学结构，造成湖水

酸化，严重的湖水酸化会使湖鱼绝种；它能破坏土壤正常的酸碱度，影响植物对营养的吸收；它能使森林因土壤中养分侵蚀及钙和铝平衡的改变而遭到破坏；它还能腐蚀建筑物。为什么我国故宫的汉白玉雕刻如今已斑斑驳驳呢？这全是酸雨腐蚀的结果。最要命的是酸雨直接影响和危害人体的健康。换句话说，酸雨的危害直接威胁到了人类的生存。

有资料表明，我国重庆曾出现过 pH 值为 3.1 的高浓度酸雨，它的危害真是太大了。自 20 世纪 80 年代以来，我国酸雨降水面积持续上升，pH 值小于 5.6 的降水等值线已大幅度向西北移动，超过了长江和黄河。

在欧洲和北美，曾出现过像柠檬汁、醋一样的酸雨。受此影响，挪威南部 5000 个湖泊中有 1750 个已经鱼虾绝迹，德国巴伐利亚山区 1/4 的森林遭到毁坏，波兰有 24 万公顷针叶林枯萎。

酸雨影响的范围越来越广，甚至于超出了国界的限制，成为一种跨越国界的公害。自 20 世纪 70 年代瑞典第一次把酸雨作为国际问题提出以来，世界各国的环保部门和环境专家们，一直都致力于预防和治理酸雨污染。我们期待着 21 世纪能够解决这一全球性的重大环境问题。

南极臭氧洞影响人类生存

自 20 世纪 70 年代中期以来，在南极的大气观测中发现，南极地区上空 10～20 千米处的平流层中下层，春季（9 月、10 月）的臭氧（O_3）含量在逐年减少，到 1985 年仅为正常值的 60%～70%。雨云 7 号极轨卫星探测的臭氧总量资料表明，臭氧减少的区域位于南极点附近，呈椭圆形，其范围有逐年扩大的趋势，1985 年已相当于美国的面积。这一现象被称为南极臭氧洞。南极臭氧洞的出现及其不断扩大和“加深”，已引起学者们的广泛注意，同时也使一些科学家产生忧虑。

地球上空平流层中下层的臭氧层，是地球上人类及其他生物，免遭太阳紫外线伤害的“保护伞”。地球上的高级生物是在这一臭氧层形成之后才出现的。虽然臭氧在地球大气中含量极少，其平均浓度按体积比仅为 3% 左右，但它能强烈吸收太阳辐射中的紫外线，从而使到达地面的紫外线辐射，少到使生物体能够承受的程度。如果这一“保护伞”由于某种原因受到破坏，太阳紫外辐射就会长驱直入，严重危及地面上的人类和生物的正常生长。从我国南极长城站考察归来的一些队员发现，虽然南极的日照时间不长，但他们的皮肤却明显地被晒黑许多，并常常脱皮，有疼痛的感觉。甚至有些人头发、胡子变黄变白。

过量的阳光紫外线照射还会引起癌症。据估计，世界上现在每年约有12万人因此而患皮肤癌。紫外线为什么会引起皮肤癌？原因是：皮肤细胞受到过量的紫外线照射后，就会损伤遗传物质DNA，而在DNA的修复过程中，或者在大量细胞死亡后存活下来的少量细胞的DNA中，有时会发生“遗传信息”的差错，使这个正常的细胞的下一代变成了癌细胞。接着，新生的癌细胞不断地分裂繁殖，使后代细胞始终保持着癌细胞的特性，最后形成了皮肤癌。

阳光中紫外线的波长，从4900埃直至400埃以下。波长为400～300埃的紫外线，只有引起皮肤黝黑的作用。紫外线一般经过大气层中的臭氧层作用以后，到达地面的只剩下了波长为290埃以上的。所以在一般情况下，阳光并不容易引起皮肤癌。相反，人们还常利用阳光紫外线来增强体质，如开展日光浴等活动。但是，大气污染严重地破坏着臭氧层，使阳光中照射到地面的短波紫外线不断地增多，导致的皮肤癌病人也逐渐增多。

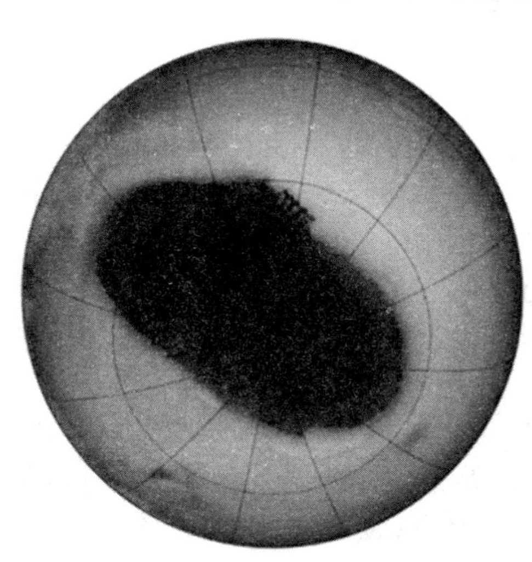
日益扩大的南极臭氧洞

要将南极臭氧减少的原因弄个水落石出并非易事，大气科学工作者正在为此而努力。目前，他们从动力和光化学两方面，试图对臭氧洞的形成作出解释。动力观点认为，在南极极夜期间，因中低纬向南极的热量输送效率很低，控制在南极上空的极地涡漩内部，形成了异常低温的环境。当极夜结束，太阳重新跃出地平线时，因集中于平流层中下层的臭氧对太阳辐射的吸收，这一范围内的大气被加热，于是在该层

出现上升运动。这一上升运动引起的抽吸作用，将对流层臭氧含量低的气体带进了平流层，替代了原来平流层臭氧含量高的气体。这样，整层的臭氧总量就会明显减少。

还有一些学者从光化学的角度，提出南极臭氧减少的原因。这种观点认为，因近代工业的发展，氟利昂（一种用于冰箱等制冷设备中的制冷剂）等大量化学试剂的使用等人为因素以及诸如火山喷发等自然因素，使大气中氯氟烃等微量元素的含量一直在增加。这些元素在初春阳光照射下，可以与臭氧进行光化学反应，结合成其他物质，使大量臭氧被破坏。许多人指出，南极的低温环境，冬末春初极地平流层云的大量存在都有利于这样的光化学反应。所以，南极的臭氧含量会在极夜结束后大量减少。

目前这两种解释都还没有找到充分可靠的证据。在南极臭氧减少的过程中，这两种原因可能都产生作用。综合这两种观点也许能得到南极臭氧减少的更完整的解释。

不管怎样，人类到了应该充分认识自己的某些活动对大气环境造成严重影响的时候了。南极臭氧洞的出现，再一次告诫人们，地球大气系统是相当复杂的，对它的任何不良作用的长期积累，都可能出现意想不到的严重后果。人类要在地球上正常生活，必须爱惜和保护赖以生存的大气层，这是避免任何因大气变化导致悲剧的最好办法。

极昼与极夜

地球在围绕太阳旋转的时候，赤道平面并不和公转的轨道平面垂直，它们相交成23°26′的夹角。每年春分，太阳直射地球的赤道。然后地球渐渐移动，到了夏天，日光直射到北半球来。经过秋分，太阳再直射赤道。到了冬季，太阳又直射南半球去了。

在夏季这段时间，北极地区整天在日光照耀之下，不管地球怎样自转，北极都不会进入地球上未被阳光照到的暗半球内，一连几个月都能看见太阳。秋分以后，阳光直射到南半球去，北极进入了地球的暗半球里，漫漫长夜方才降临。在整个冬季，日光一直不能照到北极。所以北极半年是白昼（从春分到秋分），另半年是黑夜（从秋分到春分）。同样的道理，南极也是半年白昼，半年黑夜。只不过时间和北极正好相反。

城市上空“杀人”的烟雾

自从20世纪30年代以来，比利时、美国、英国、日本等国先后发生了烟雾事件，造成了很大的危害。

在20世纪60年代以前，世界上发生了八大公害事件，其中烟雾事件占了5起，受害的人很多，影响的范围也很广。最有代表性的是英国伦敦烟雾和美国洛杉矶光化学烟雾，它们代表了两种不同类型的烟雾。伦敦烟雾主要是由硫氧化物引起的还原性烟雾；洛杉矶烟雾是由过氧化物和臭氧引起的氧化性烟雾。

在一定的地理条件和气象条件下，大气污染物会在一定地区集聚起来。伦敦烟雾事件就是这样形成的。伦敦是一座具有2000多年历史的大城市，处在泰晤士河下游的开阔河谷中。1952年12月5～8日，伦敦地面无风，当时正值寒冬季节，气温很低，潮湿而沉重的空气压在伦敦上空，使伦敦一连数

光化学烟雾笼罩下的城市

天沉浸在浓雾之中，不见天日，而成千上万个烟囱照样向空中喷吐大量黑烟，尘粒浓度为平时的10倍，二氧化硫的浓度为平时的6倍。烟雾中的三氧化二铁使二氧化硫氧化产生硫酸泡沫，凝结在烟尘上形成酸雾，致使4天中死亡4000余人。在以后的2个月中，陆续又有近8000人死亡。因为当时弄不清原因，不能采取防治措施，导致伦敦在1957年和1962年又发生烟雾事件。1962年，英国当局对1952年和1962年两次烟雾事件作了对比，才算弄清烟雾发生的原因。

光化学烟雾是大气污染物经过复杂的光化学反应，在一定的地理、气象条件下形成的。它的形成必须有充足的阳光、适量的氮氧化物和碳氢化合物以及不利于污染物扩散的地理、气象条件。美国洛杉矶正是由于具备上述3个条件才发生了光化学烟雾。

洛杉矶是美国的一个工业城市，临海依山，处在50千米长的盆地中。20世纪40年代初期，洛杉矶就出现了一种浅蓝色的烟雾。这种烟雾有时连续几天不散，使许多人喉咙发炎，眼睛、鼻子受到刺激，还出现头痛、恶心等症状。

经过长期调查研究，人们直到1951年才发现这种烟雾是汽车尾气造成的。当时，洛杉矶有250多万辆汽车，每天消耗汽油1.6万升。这些汽车排放大量的氮氧化物、碳氢化合物、一氧化碳。由于洛杉矶的夏季和早秋季节阳光强烈，尾气在日光紫外线作用下，发生光化学反应，形成以臭氧为主的光化学烟雾。这种烟雾使人眼睛红肿、喉咙疼痛、严重的呼吸困难、视力减退、手足痉挛。人如长期受害，会引起动脉硬化，生理机能衰退。

现在，凡是汽车集中的城市，普遍存在光化学烟雾的威胁，而且缺少有效的办法去消除。

甲基汞污染与水俣病事件

猫也会发疯，甚至跳海自杀。这是20世纪50年代初，在日本熊本县水俣湾附近的小渔村中发生的奇闻。

1953年，也是在水俣湾，有一个人起初口齿不清、面部痴呆，后来耳朵聋了、眼睛瞎了、全身麻木，最后精神失常，高声嚎叫而死。当时，人们不知道这是什么病。直到1956年，又有96人得了同样的病，其中18人死亡。此后，以熊本大学为主组成医学研究所，开展流行病学调查，并把猫死人病的现象联系起来进行分析，终于找到了致病的根源。

原来，这是由于摄入富集在鱼类、贝类中的甲基汞而引起的中枢神经性疾病。因为最早发生在日本熊本县水俣湾附近，所以称为水俣病。如果短时间内摄入甲基汞1000毫克，就可出现急性症状（如痉挛、麻痹等），并很快死亡；如果短期内连续摄入500毫克以上的甲基汞，就可相继出现肢端感觉麻木、中心性视野缩小、语言和听力障碍、运动失调等症状。

那么，甲基汞是从哪里来的呢？原来，水俣镇附近有一家氮肥厂，在20世纪三四十年代相继采用汞催化剂生产醋酸乙烯和氯乙烯，大量含有甲基汞的废水、废渣不断排到水俣湾。甲基汞进入水体后，靠水体自净难以消除，就使鱼、贝类体内富集了甲基汞。人或猫吃了含有甲基汞的鱼、贝类，就可能生病死亡。

据1972年日本环境厅公布，日本前后3次发生水俣病，患者计900人，受威胁的人达2万以上。

甲基汞进入人体后，很容易被吸收，且不易降解，排泄很慢，特别是容易在脑中积累，不仅侵害成年人的大脑皮层，也侵害小脑。对胎儿的侵害，几乎遍及全脑。水俣病以它严重的后遗症震惊全世界，迄今没有有效的治疗方法，患者大都死亡或残废。只有积极改革生产工艺，不向环境排放汞及其化合物，才能预防水俣病。20世纪60年代后期，日本开始加强对汞污染的治理，使水俣病得到控制，但危害并没有彻底消除。防止水俣病的悲剧重演，仍然是环境保护的重要任务之一。

米糠油事件震惊全世界

1968年3月，在日本的北九州市、爱知县一带，突然有几十只火鸡死亡。不久，又发现了一批奇怪的病人：眼睑浮肿，眼分泌物增多，全身起红疙瘩，肌肉疼痛，四肢麻木，肝功能下降，胃肠道功能紊乱，有的因医治无效而死亡。这种病很快蔓延开来，受害者达1万多人。这就是震惊世界的八大公害事件之一的米糠油事件，也称火鸡事件、多氯联苯污染事件。

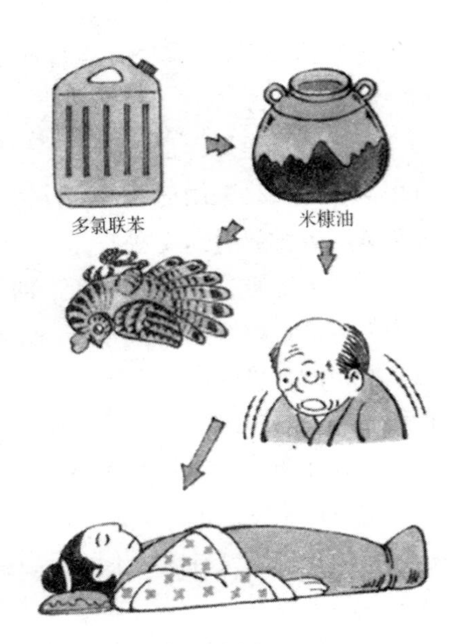

火鸡死亡和米糠油事件

米糠油事件波及日本20多个府县，使整个日本陷入一片混乱。原来，日本北九州一家粮食加工公司的食用油厂在生产米糠油时，用多氯联苯作为脱臭工艺中的热载体。由于生产管理不善，多氯联苯混入米糠油中，食用这批被污染的米糠油的人，发生了中毒甚至死亡。

多氯联苯是人工合成的有机物，工业上用来作热载体、润滑油、绝缘油等。据估计，全世界已生产的和应用的多氯联苯超过100万吨，其中已有25%～33%进入环境。多氯联苯极难溶于水，但易溶于脂肪和有机溶剂，并很难分解，因而能通过食物链的作用，在生物体内富集。多氯联苯能经过皮肤、呼吸道侵入人体，也能被消化道吸收，而且吸收率较高。

20世纪60年代以后，因环境污染引起的家禽和人的多氯联苯中毒，基本上是由口侵入、经过消化道吸收后发生的。据调查，每千克米糠油中含多氯联苯2000～3000毫克，会对人体造成严重危害。

多氯联苯污染范围很广。现在，从南极的企鹅到北冰洋的鲸的肉中，都含有多氯联苯，日本、美国、瑞典等国家的人乳中都能检出多氯联苯。现在一些国家已禁止生产、使用多氯联苯，并积极研究多氯联苯的无害代用品。

放射性污染与健康危害

放射性物质应用范围的迅速增加，使放射性污染问题日益突出，成为全世界人类所关注的问题。在我们生活的地球上，早就存在着放射性物质，使我们的身体受到一定剂量的照射。这种天然存在的照射，就叫天然放射本底。天然放射本底的来源有3个：宇宙射线，每人每年约接受35毫伦；土壤中的放射性元素，每人每年约接受100毫伦；人和动物体内的微量放射性元素，每人每年约接受 35 毫伦。在自然条件下，每人每年约接受天然放射性元素 170 毫伦。

所谓放射污染，是指因人工辐射源的利用而导致对环境的污染。人工的辐射源，主要是医用射线源，核武器试验产生的放射性沉降，以及原子能工业排放的各种放射性废物等。

射线的危害有近期效应和远期效应两大类。原子弹爆炸时的高强度和医疗中的大剂量射线辐射，导致白血病和各种癌症的产生，属于近期效应。而通常所指的环境的放射性污染，是指长期接受低剂量辐射，对机体造成慢性损伤的远期效应或潜在效应。如长期接受低剂量辐射，会引起白细胞增多或减少、肺癌和生殖系统病变等，可留下几年、十几年或更长时间的后遗症，甚至把生理病变遗传给子孙后代。

对环境造成放射性污染的污染源，医用射线占人工污染源的 94%，占所有射线总量的 30%。

核试验可造成放射性沉降污染。核试验时，大气中形成了许多裂变物质的微细粒子，它们每年有 10% ~20% 降落到地面。根据英国人的推算，核试验如按现有规模继续下去，100 年后可达到 200 毫居里/千米^2 的放射水平。放射性沉降物与人关系最密切的是锶 -90 和铯 -137。它们会使骨癌和白血病发病率增高，对生殖腺影响也很大。

核能工业排放的各种放射性废物对海洋的污染，原子能设备的事故等均会形成环境污染，给人类带来危害。

土壤重金属污染及其危害

土壤无机污染物中以重金属比较突出，主要是由于重金属不能为土壤微生物所分解，而易于积累，转化为毒性更大的甲基化合物，甚至有的通过食物链以有害浓度在人体内蓄积，严重危害人体健康。

土壤重金属污染物主要有汞、镉、铅、铜、铬、砷、镍、铁、锰、锌等，砷虽不属于重金属，但因其行为、来源以及危害都与重金属相似，故通常列入重金属类进行讨论。就对植物的需要而言，金属元素可分为两类：1. 植物生长发育不需要的元素，而对人体健康危害比较明显，如镉、汞、铅等；

2. 植物正常生长发育所需元素，且对人体又有一定生理功能，如铜、锌等，但过多会造成污染，妨碍植物生长发育。

同种金属，由于它们在土壤中存在形态不同，其迁移转化特点和污染性质也不同，因此在研究土壤中重金属的危害时，不仅要注意它们的总含量，还必须重视各种形态的含量。

汞

土壤的汞污染主要来自于污水灌溉、燃煤、汞冶炼厂和汞制剂厂（仪表、电气、氯碱工业）的排放。比如一个700兆瓦的热电站每天可排放汞2.5千克。含汞颜料的应用、用汞做原料的工厂、含汞农药的施用等也是重要的汞污染源。

土壤中汞的存在形态有无机态与有机态，并在一定的条件下互相转化。无机汞有Hg_5O_4、$Hg(OH)_2$、$HgCl_2$、HgO，它们因溶解度低，在土壤中迁移转化能力很弱，但在土壤微生物作用下，汞可向甲基化方向转化。微生物合成甲基汞在好氧或厌氧条件下都可以进行。在好氧条件下主要形成脂溶性的甲基汞，可被微生物吸收、积累，而转入食物链造成对人体的危害；在厌氧条件下，主要形成二甲基汞，在微酸性环境下，二甲基汞可转化为甲基汞。

汞

汞对植物的危害因作物的种类而异。汞在一定浓度下使作物减产，在较高浓度下甚至使作物死亡。不同植物对汞吸收能力是：针叶植物 > 落叶植物，水稻 > 玉米 > 高粱 > 小麦，叶菜类 > 根菜类 > 果菜类。

镉

镉主要来源于镉矿、镉冶炼厂。因镉与锌同族，常与锌共生，所以冶炼锌的排放物中必有 ZnO、CdO，它们挥发性强，以污染源为中心可波及数千米远。镉工业废水灌溉农田也是镉污染的重要来源。

土壤中镉的存在形态也很多，大致可分为水溶性镉和非水溶性镉两大类。离子态和络合态的水溶性镉 $CdCl_2$、$Cd(WO_3)_2$ 等能为作物吸收，对生物危害大，而非水溶性镉 CdS、$CdCO_3$ 等不易迁移，不易被作物吸收，但随环境条件的改变二者可互相转化。如土壤偏酸性时，镉溶解度增高，在土壤中易于迁移；土壤处于氧化条件下（稻田排水期及旱田），镉也易变成可溶性，被植物吸收也多。镉的吸附迁移还受相伴离子如 Zn^{2+}、Pb^{2+}、Cu^{2+}、Fe^{2+}、Ca^{2+} 等的影响，如锌的存在可抑制植物对镉的吸收。

镉对农业最大的威胁是产生“镉米”、“镉菜”，进入人体后使人得骨痛病。另外，镉会损伤肾小管，出现糖尿病，还有镉引起血压升高，出现心血管病，甚至还有致癌、致畸的病例报道。

铅

铅是土壤污染较普遍的元素。污染源主要来自汽油里添加抗爆剂烷基铅，随汽油燃烧后的尾气而积存在公路两侧百米范围内的土壤中，另外，铅字印刷厂、铅冶炼厂、铅采矿场等也是重要的污染源。随着我国乡镇企业的发展，“三废”中的铅已大量进入农田。

进入土壤中的铅在土壤中易与有机物结合，极不易溶解，土壤铅大多发现在表土层，表土铅在土壤中几乎不向下移动。

铅对植物的危害表现为叶绿素下降，阻碍植物的呼吸及光合作用。谷类作物吸铅量较大，但多数集中在根部，茎秆次之，籽实中较少。因此，铅污染的土壤所生产的禾谷类茎秆不宜作饲料。

铅对动物的危害则是累积中毒。人体中铅能与多种酶结合从而干扰有机体多方面的生理活动，对全身器官产生危害。

铬

铬的污染源主要是电镀、制革废水、铬渣等。铬在土壤中主要有两种价态：Cr^{6+} 和 Cr^{3+}。两种价态的行为极为不同，前者活性低而毒性高，后者恰恰相反。Cr^{3+} 主要存在于土壤与沉积物中，Cr^{6+} 主要存在于水中，但易被

Fe^{2+}和有机物等还原。

植物吸收铬约95%留在根部。据研究，低浓度的Cr^{6+}能提高植物体内酶活性与葡萄糖含量，高浓度时则阻碍水分和营养向上部输送，并破坏代谢作用。

铬对人体与动物也是有利有弊。人体中含铬过低会产生食欲减退症状。但饮水中铬超标400倍时，会发生口角糜烂、腹泻、消化紊乱等症状。

砷

土壤砷污染主要来自大气降尘与含砷农药。燃煤是大气中砷的主要污染源。土壤中砷大部分为胶体吸收或和有机物络合——螯合或和磷一样与土壤中铁、铝、钙离子相结合，形成难溶化合物，或与铁、铝等氢氧化物发生共沉淀。pH和Eh值影响土壤对砷的吸附。pH值高时，土壤砷吸附量减少而水溶性砷增加。土壤在氧化条件下，大部是砷酸，砷酸易被胶体吸附，而增加土壤固砷量。随Eh降低，砷酸转化为亚砷酸，可促进砷的可溶性，增加砷害。

砷污染

砷对植物危害的最初症状是叶片卷曲枯萎，进一步是根系发育受阻，最后是植物根、茎、叶全部枯死。砷对人体危害很大，它能使红细胞溶解，破坏正常生理功能，甚至致癌等。

重金属

对什么是重金属目前尚无严格的定义，化学上根据金属的密度把金属分成重金属和轻金属，常把密度大于$4.5g/cm^3$的金属称为重金属，如：金、银、铜、铅、锌、镍、钴、铬、汞、镉等大约45种。

从环境污染方面所说的重金属是指：汞、镉、铅、铬以及类金属砷等生物毒性显著的重金属。对人体毒害最大的有5种：铅、汞、铬、砷、镉。这些重金属在水中不能被分解，人饮用后毒性放大，与水中的其他毒素结合生成毒性更大的有机物或无机物。

肆虐全球的“黑色风暴”

随着垦荒和畜牧业的发展，森林覆盖面积的减少，草原绿地的荒漠化，水土流失和土壤侵蚀的日趋严重，导致了“黑色风暴”肆虐全球。

什么是土地荒漠化？通俗地讲，就是土地变成荒漠。联合国给荒漠化下了这样的定义：荒漠化是指包括因自然变异和人类活动在内的干旱、半干旱和亚湿润地区的土地退化。其中包括：1. 风蚀和水蚀致使土壤物质流失；2. 土壤的物理、化学和生物特性或经济特性退化；3. 自然植被长期丧失。

土地一旦荒漠化，就会给人们的生产和生活带来灾难。沙区每年八级以上的大风日数为30～100天，流沙侵袭，掩没农田、牧场、城镇、村庄、道路和水利设施，淤积河床，造成水患，污染环境。荒漠化摧毁人类赖以生存的土地和环境，导致贫困加剧和人口迁徙，以至造成社会动荡。

追究荒漠化的责任，人类不合理的活动首当其冲，如耕作技术落后、乱砍滥伐、过度放牧、过度开发边远地区和过度开采地下水资源等。这些极端行为破坏了植被重建和土壤稳定，使土地成为只生长不可食用的杂草或寸草不生的荒漠。当然，自然地理条件和气候大幅度变异等也是引起荒漠化的重要原因。

北美黑色风暴

100多年以前，美国农民就开始大量向西部大平原迁移。美国政府划给迁去的每户农民近千亩土地，供他们耕种和放牧。此后，随着拖拉机、联合收割机和其他农业机械的大量使用，西部

大平原长期形成的草地被大片大片地翻耕。从此，当干旱和大风袭来的时候，土地由于失去了天然草木的保护，裸露的表层土壤就被风吹扬起来，随风翻滚，遮天盖日，成为黑色的风暴。

1934 年 5 月 9～11 日的黑色风暴，以 100 多千米/小时的速度，从美国西部一直刮到东部海岸，刮走了 35000 万吨肥沃的表层土壤，毁坏了数千万亩的农田。风一停，尘土落下来，于是美国的大半领土铺上一层薄薄的尘土。据统计，仅芝加哥在这次黑色风暴中的降尘量就达 1200 万吨，平均每个市民可分得 2 千克。

黑色风暴也曾在其他地方作孽。20 世纪 50 年代初，苏联为了扭转农业生产不景气的局面，缓和粮食供需矛盾，数十万拓荒者向今俄罗斯东部、西伯利亚西部、哈萨克斯坦北部的草地和处女地进军，毁林造地，翻耕草原，在 1953～1963 年间，开垦荒地达 6000 万公顷。但是，黑色的风暴也开始光顾这里了。1960 年的一次黑色风暴，使垦荒区春季作物受灾面积达 400 万公顷以上。1963 年又发生了更严重的黑色风暴，使哈萨克斯坦开垦的土地受灾面积达 2000 万公顷。仅巴夫洛达州就有 200 万公顷以上的作物受害或被毁，有 80 万公顷以上的耕地被迫弃用，有 20 多万公顷的土地完全被沙尘覆盖。

人类开垦荒地，破坏了大自然的森林草地，而大自然却刮起了黑色风暴，毁坏人类开垦的荒地。此外，黑色风暴还使飞鸟昏死，使野兽、牲畜难以呼吸……有人断言，如果黑色风暴不断发生，人类呼吸道疾病和肺炎的发病率也会成倍的增加。这又是多么令人担忧的后果呀！

食物链与生物放大作用

在生态系统中，一种生物被另一种生物吞食，后者再被第三种生物吞食，彼此形成一个以食物连接起来的连锁关系，叫食物链。各种食物链在生态系统中相互交错，形成食物网。能量的流动、物质的迁移和转化，都通过食物链或食物网进行。

食物链对环境中物质的转移和蓄积有重大影响。某些自然界不能降解的重金属元素或有毒物质，在环境中的起始浓度不一定很高，但可以通过食物链逐级放大，污染物随着食物链而使高位营养级生物体内的浓度比低位营养级生物体内浓度逐渐放大，称为生物放大作用。例如 DDT（一种杀虫剂）通过食物链在各种生物体内的浓度逐级放大，生物体内 DDT 的浓度可比湖水高出数万到数十万倍。

湖水	→	浮游生物	→	小鱼（脂肪）	→	食肉鱼（脂肪）
DDT 含量 1		265 倍		500 倍		8.5 万倍

生物放大作用是与食物链有关的。但是，生物体内污染物浓度增加还和生物积蓄作用、生物浓缩作用有关。

生物积蓄和生物浓缩作用，使生物体内某种元素或化合物的浓度高于环境浓度，食物链的生物放大作用则使食物链上营养级较高的生物体内元素，或化合物的浓度高于营养级比它低的生物体内的含量。因此，进入环境中的微量毒物，可通过生物浓缩作用、生物蓄积作用和生物放大作用，使高位营养级的生物受到毒害，最终威胁人类健康。

“绿色宝库”与“人造沙漠”

养育着亿万生灵的地球，已经度过了 46 亿个春秋。在这漫长的岁月中，地球从单纯的物理环境进入到化学环境，为生物的产生和发展提供了条件。

大自然的发展和进化是相辅相成的。生物圈的形成和作用促使了土壤圈的产生，土壤圈又反过来大大地促进了生物圈的发展。从无机到有机，从环境到生物，再从生物到环境。这一往复循环的过程告诉我们，单纯的生物并不就是生命，生命应该是生物加环境。如果破坏了生物赖以生存的环境，生物也就不复存在。

但是，对生物和环境之间的辩证关系，人类是通过长期的实践后才逐步认识的。即使在科学发达的今天，仍然有许多人对它不甚了解。也正因为如此，自然环境才遭到如此破坏。就举世闻名的“动植物王国”西双版纳来说，国家在此划定的四个自然保护区中，大勐笼已被彻底破坏，其他三个的面积也在逐年缩小。西双版纳原有独特的珍稀动植物，如亚洲象、印度野牛、长臂猿、犀鸟、孔雀、孟加拉虎以及望天树、云南石樟、番龙眼、山桂花、清香木等，都面临灭绝或逐渐消失的境地。

我国另一个原来保护得较好的原始森林——湖北西北部的神农架，其树

木也遭到严重破坏。被联合国有关机构列为国际自然保护区以及“人与动物圈”生态系统定位研究站的广东鼎湖山，在1955年还有数量众多的老虎、豹、大灵猫等兽类，后来由于各种原因，早已绝迹。原有的大量珍禽异鸟，现在数量也十分稀少。

以上列举的现象是相当普遍和严重的，从中可以看出我国的自然环境和生物资源遭到惊人的浩劫。其实，大自然的生态平衡受到破坏，遭难的不仅是珍稀动植物，还必然危及人类的生活和生存。海南岛几乎3/4的原始森林遭到破坏后，岛上雨量明显减少，水土大量流失。森林的破坏，也导致气候变异，严重影响农业。长此下去，“绿色宝库”就有可能变成“人造沙漠”。

物种灭绝将威胁人类生存

从地球诞生之日算起，地球上总共出现过约10亿个物种，到现在留下来的不足10%，约800~1000万个物种。99%的物种都在漫长的生物进化过程中灭绝了。这个过程经历了30多亿年。

在人类出现以前，地球上剩下的物种已经不多。火山爆发、地壳运动、冰期出现等自然灾变，导致生物生存环境的极端恶化，是引起生物物种大量灭绝的直接原因和首要原因。

人类出现以后，大大地改变了生物之间的生存竞争法则，使生物物种灭绝的速度越来越快。据统计，大约400年以前，地球上的生物每过三四年灭绝一种；进入20世纪，每过一年就有一种生物灭绝；20世纪80年代以来，每过一个小时就有一种生物灭绝。生物物种的急剧减少，人类必须担负一定的责任。

被猎杀的飞禽

人类的开荒、开矿、城市面积扩大、交通建设、修筑水坝等活动，破坏了很多生物的栖息地。例如，朱鹮鸟是世界上濒临灭绝的珍贵鸟种之一，在我国主要分布于陕西秦岭山区，由于人们频繁过度的采林活动，致使朱鹮鸟丧失了生存条件，数量锐减，几乎灭绝，20 世纪 80 年代只剩下 7 只朱鹮鸟。经过大力保护，到现在朱鹮鸟虽然避免了灭绝的危险，但也只有 80 多只。

人类不适当地引进物种，破坏了某些区域长期以来形成的生态平衡，导致物种的减少与灭绝。

人类对野生动植物的捕杀和采集，给不少物种的生存带来困难。例如，200 多年以前，北美洲野牛大约有 6000 多万头，由于人们滥捕滥杀，最后一群野牛终于在 1883 年被围剿消灭。现在，尽管在北美的某些动物园里还能看到几头野牛，但作为一个野生物种，野牛实际上已因人为因素而灭绝了。

生物物种的灭绝，最终会破坏地球生态的平衡，威胁人类的生存。为了保护地球环境，为人类自身利益着想，我们必须采取有效措施使人类的生产、生活活动进一步规范化、合理化，从而保护和拯救生物物种。

生物进化

生物进化是指一切生命形态发生、发展的演变过程。物种形成主要有两种方式：一种是渐进式形成，即由一个种逐渐演变为另一个或多个新种；另一种是爆发式形成，即多倍化形成，这种方式在有性生殖的动物中很少发生，但在植物的进化中却相当普遍，世界上约有一半左右的植物种是通过染色体数目的突然改变而产生的多倍体。物类形成常常表现为爆发式的进化过程，从而使旧的类型和类群被迅速发展起来的新生的类型和类群所替代。

生物进化的道路是曲折的，表现出种种特殊的复杂情况。除进步性发展外，生物界中还存在特化和退化现象。英国著名生物学家达尔文曾对生物进化现象进行了深刻的研究，提出了进化论的思想。

中国面临的生态环境问题

和世界上其他国家一样，我国在经济发展中也遇到了环境恶化这个棘手

的难题。目前，我国以城市为中心的环境污染不断加剧，并正向农村蔓延。在一些经济发达、人口稠密地区，环境污染尤为突出。森林减少、沙漠扩大、草原退化、水土流失、物种灭绝等生态破坏问题也日趋严重。环境恶化目前已经成为制约我国经济发展、影响社会安定、危害公众健康的一个重要因素，成为威胁中华民族生存与发展的重大问题，而经济的高速发展和人口的持续增长又给我国的资源和环境带来了更大的压力和冲击。

大气污染十分严重。全国城市大气总悬浮微粒浓度年日均值为 320 微克/立方米，污染严重的城市超过 800 微克/立方米，高出世界卫生组织标准近 10 倍。参加全球大气监测的北京、沈阳、西安、上海、广州 5 座城市，都排在全球监测的 50 多座城市里污染最严重的前 10 名之中。全国酸雨覆盖面积已占国土面积的 29%，而且酸雨严重区已越过长江，向黄河流域蔓延，青岛也监测到酸雨，全国每年为此造成的经济损失达 140 亿元。20 世纪 90 年代以来，以长沙、赣州、怀化、南昌等地为代表的华中酸雨区，已成为全国最严重的酸雨区，其中心区域年均 pH 值低于 4.0，酸雨频率高于 90%。

酸雨腐蚀后的森林

水污染非常突出。全国七大水系近一半的监测河段污染严重，86% 的城市河段水质超标。据对 15 个省市 29 条河流的监测，有 2800 千米河段鱼类基本绝迹。淮河流域 191 条支流中，80% 的水呈黑绿色，一半以上的河段完全丧失使用价值，沿岸不少工厂被迫停产，一些地区农作物绝收。1994 年 7 月，淮河发生特大污染事故，两亿吨污水排入干流，形成 70 千米长的污染带，使苏、皖两省 150 多万人无水可饮。各地由于水污染导致的停工、停产及纠纷事件频频发生。

噪声和固体废物加剧。全国有 2/3 的城市居民生活在超标的噪声环境中。工业固体废物和生活垃圾已累积 70 多亿吨，每年仍以六七亿吨的速度增加，

垃圾“围城”现象十分普遍，受污染耕地达1.5亿亩以上。危险废物大多未得到有效处置，随意堆放，形成重大环境隐患

生态环境日益恶化。一些地区盲目发展污染严重的企业和不合理地开发资源，造成了严重的环境污染和生态破坏，加剧了植被破坏、水土流失和土地沙化，致使一些生态环境脆弱地区，陷于人畜无饮水、草木难生长的境地。

环境污染严重威胁着人民的身体健康。贵州省务川县从事土法炼汞的农民中，有97%的人有汞中毒症状；污染源在江苏徐州的奎河致使中下游人群癌症发病率高达1.024%，超过全国平均水平十多倍。各地污染纠纷和群众来信来访逐年增加，由此酿成的械斗等流血冲突和人员伤亡时有发生，已开始影响社会稳定。

我国的环境问题已引起社会各界乃至国际社会的关注。许多专家学者提出，在环境问题上如果不及时采取切实有效的措施，不仅将在很大程度上抵消经济建设和改革开放取得的成果，而且可能重蹈20世纪50年代人口问题的覆辙，因此应当引起我们的高度重视。

危害人类健康的自然灾害

WEIHAI RENLEI JIANKANG DE ZIRAN ZAIHAI

自然灾害是自然环境中所发生的一些异常现象，包括地震、火山爆发、泥石流、海啸、台风、洪水等突发性灾害，地面沉降、土地沙漠化、干旱、海岸线变化等在较长时间中才能逐渐显现的渐变性灾害等。自然灾害对人类社会所造成的危害往往是触目惊心的。

2004年12月26日，印尼爆发海啸，印尼、斯里兰卡、印度、缅甸等国家在灾害中丧生的人数达30万以上；2008年5月12日，中国西部的汶川发生里氏8.0级特大地震，遇难人数9万；2011年3月11日，日本近海发生里氏9.0级特大地震，其引发的海啸造成2万余人死亡。灾害对人类健康的危害不仅表现在立竿见影的重大伤亡。所谓“大灾之后有大疫”，自然灾害对人类健康的危害往往要经过很长一段时间才能彻底消除。

从科学的意义上认识这些灾害的发生、发展以及尽可能减小它们所造成的危害，已成为国际社会的一个共同主题。

自然灾害的形式及其发生

自然灾害是人类所依赖的自然界中发生的异常现象，自然灾害对人类社

洪涝灾害

会所造成的危害往往是触目惊心的。它们之中既有地震、火山爆发、泥石流、海啸、台风、洪水等突发性灾害；也有地面沉降、土地沙漠化、干旱、海岸线变化等在较长时间中才能逐渐显现的渐变性灾害；还有臭氧层变化、水体污染、水土流失、酸雨等人类活动导致的环境灾害。这些自然灾害和环境破坏之间又有着复杂的相互联系。

人类要从科学的意义上认识这些灾害的发生、发展以及尽可能减小它们所造成的危害，已是国际社会的一个共同主题。

地球上的自然变异，包括人类活动诱发的自然变异，无时无地不在发生，当这种变异给人类社会带来危害时，即构成自然灾害。因为它给人类的生产和生活带来了不同程度的损害，包括以劳动为媒介的人与自然之间，以及与之相关的人与人之间的关系。灾害都是消极的或具有破坏的作用。所以说，自然灾害是人与自然矛盾的一种表现形式，具有自然和社会两重属性，是人类过去、现在、将来所面对的最严峻的挑战之一。

世界范围内重大的突发性自然灾害包括：旱灾、洪涝、台风、风暴潮、冻害、雹灾、海啸、地震、火山、滑坡、泥石流、森林火灾、农林病虫害等。

我国自然灾害种类繁多。地震、台风、暴雨、洪水、内涝、高温、雷电、大雾、灰霾、泥石流、山体滑坡、海啸、道路结冰、龙卷风、冰雹、暴风雪、崩塌、地面塌陷、沙尘暴等等，每年都要在全国和局部地区发生，造成大范围的损害或局部地区的毁灭性打击。

纵观人类的历史可以看出，灾害的发生原因主要有两个：1. 自然变异，2. 人为影响。因此，通常把以自然变异为主因的灾害称之为自然灾害，如地震、风暴、海啸；把以人为影响为主因的灾害称之为人为灾害，如人为引起的火灾、交通事故和酸雨等。

自然灾害形成的过程有长有短，有缓有急。有些自然灾害，当致灾因素的变化超过一定强度时，就会在几天、几小时甚至几分钟、几秒钟内表现为灾害行为，像火山爆发、地震、洪水、飓风、风暴潮、冰雹等，这类灾害称为突发性自然灾害。旱灾及农作物和森林的病、虫、草害等，虽然一般要在几个月的时间内成灾，但灾害的形成和结束仍然比较快速、明显，所以也把它们列入突发性自然灾害。

另外还有一些自然灾害是在致灾因素长期发展的情况下，逐渐显现成灾的。如土地沙漠化、水土流失、环境恶化等，这类灾害通常要几年或更长时间的发展，则称之为缓发性自然灾害。

许多自然灾害，特别是等级高、强度大的自然灾害发生以后，常常诱发出一连串的其他灾害接连发生，这种现象叫灾害链。灾害链中最早发生的灾害称为原生灾害；而由原生灾害所诱导出来的灾害则称为次生灾害。自然灾害发生之后，破坏了人类生存的和谐条件，由此还可以导生出一系列其他灾害，这些灾害泛称为衍生灾害。如大旱之后，地表与浅部淡水极度匮乏，迫使人们饮用深层含氟量较高的地下水，从而导致了氟病，这些都称为衍生灾害。

当然，灾害的过程往往是很复杂的，有时候一种灾害可由几种灾因引起，或者一种灾因会同时引起好几种不同的灾害。这时，灾害类型的确定就要根据起主导作用的灾因和其主要表现形式而定。

威胁人类生命的气象灾害

大气对人类的生命财产、国民经济建设及国防建设等造成的直接或间接的损害，被称为气象灾害。它是自然灾害中的原生灾害之一。气象灾害的特点主要有：

（一）种类多。主要有暴雨、洪涝、干旱、热带气旋、霜冻低温等冷冻害、风雹、连阴雨和浓雾及沙尘暴等共 7 大类 20 余种；如果细分可达数十种甚至上百种。

（二）范围广，一年四季都可出现气象灾害。无论在高山、平原、高原、海岛，还是在江、河、湖、海以及空中，处处都有气象灾害。

（三）频率高。我国从 1950 ~ 1988 年的 38 年内每年都出现旱、涝和台风

暴雨洪涝

等多种灾害，平均每年出现旱灾7.5次，涝灾5.8次，登陆我国的热带气旋6.9个。

（四）持续时间长。同一种灾害常常连季、连年出现。例如，1951～1980年，华北地区出现春夏连旱或伏秋连旱的年份有14年。

（五）群发性突出。某些灾害往往在同一时段内发生在许多地区如雷雨、冰雹、大风、龙卷风等强对流性天气在每年3～5月常有群发现象。1972年4月15～22日，从辽宁到广东共有16个省、自治区的350多县、市先后出现冰雹，部分地区出现10级以上大风以及龙卷风等灾害天气。

（六）连锁反应显著。天气气候条件往往能形成或引发、加重洪水、泥石流和植物病虫害等自然灾害，产生连锁反应。

（七）灾情重。联合国公布的1947～1980年全球因自然灾害造成人员死亡达121.3万人，其中61%是由气象灾害造成的。

气象灾害一般包括天气、气候灾害和气象次生、衍生灾害。天气、气候灾害，是指因台风（热带风暴、强热带风暴）、暴雨（雪）、雷暴、冰雹、大风、沙尘、龙卷风、大（浓）雾、高温、低温、连阴雨、冻雨、霜冻、结（积）冰、寒潮、干旱、干热风、热浪、洪涝、积涝等因素直接造成的灾害。

霜　冻

气象次生、衍生灾害是指因气象因素引起的山体滑坡、泥石流、风暴潮、森林火灾、酸雨、空气污染等灾害。

我国是世界上自然灾害发生十分频繁、灾害种类甚多，造成损失十分严重的少数国家之一。

每年由于干旱、洪涝、台风、暴雨、冰雹等灾害危及到人民生命和财产的安全，国民经济也受到了极大的损失，而且，随着经济的高速发展，自然灾害造成的损失亦呈上升发展趋势，直接影响着社会和经济的发展。

气候与天气

地球大气经常在变化，因此人们看到的天气现象总是处在千变万化之中。有时晴空万里，风和日丽，有时浓云密布，风狂雨骤。天气就是指一个地方在短时间内气温、气压、温度等气象要素及其所引起的风、云、雨等大气现象的综合状况。气候是指某一地区多年的和特殊的年份偶然出现的天气状况的综合。气候和天气有密切关系：天气是气候的基础，气候是对天气的概括。一个地方的气候特征是通过该地区各气象要素（气温、湿度、降水、风等）的多年平均值及特殊年份的极端值反映出来的。

种类繁多的海洋灾害

海洋灾害是指源于海洋的自然灾害。海洋灾害主要有灾害性海浪、海冰、赤潮、海啸和风暴潮、龙卷风；与海洋与大气相关的灾害性现象还有“厄尔尼诺现象”、“拉尼娜现象”和台风等。

风暴潮

风暴潮是由台风、温带气旋、冷锋的强风作用和气压骤变等强烈的天气系统引起的海面异常升降现象，又称“风暴增水”、“风暴海啸”、“气象海啸”或“风潮”。风暴潮会使受到影响的海区的潮位大大地超过正常潮位。如果风暴潮恰好与影响海区天文潮位高潮相重叠，就会使水位暴涨，海水涌进内陆，造成巨大破坏。如 1953 年 2 月发生在荷兰沿岸的强大风暴潮，使水位高出正常潮位 3 米多。洪水冲毁了防护堤，淹没土地 80 万英亩，导致 2000 余人死亡。又如 1970 年 11 月 12～13 日发生在孟加拉湾沿岸地区的一次风暴潮，

风暴潮

导致30余万人死亡和100多万人无家可归。

风暴潮按其诱发的不同天气系统可分为3种类型：1. 由热带风暴、强热带风暴、台风或飓风（为叙述方便，以下统称台风）引起的海面水位异常升高现象，称之为台风风暴潮；2. 由温带气旋引起的海面水位异常升高现象，称之为风暴潮；3. 由寒潮或强冷空气大风引起的海面水位异常升高现象，称之为风潮。以上3种类型统称为风暴潮。

海　啸

海啸是由水下地震、火山爆发或水下塌陷和滑坡所激起的巨浪。破坏性地震海啸发生的条件是：在地震构造运动中出现垂直运动；震源深度小于20～50千米；里氏震级要大于6.50。而没有海底变形的地震冲击或海底弹性震动，可引起较弱的海啸。水下核爆炸也能产生人造海啸。尽管海啸的危害巨大，但它形成的频次有限，尤其在人们可以对它进行预测以来，其所造成的危害已大为降低。

海　啸

灾害性海浪

灾害性海浪是海洋中由风产生的具有灾害性破坏的波浪，其作用力可达30～40吨/平方米。

赤　潮

水域中一些浮游生物暴发性繁殖引起的水色异常现象成为赤潮，它主要

发生在近海海域。在人类活动的影响下，生物所需的氮、磷等营养物质大量进入海洋，引起藻类及其他浮游生物迅速繁殖，大量消耗水体中的溶解氧量，造成水质恶化、鱼类及其他生物大量死亡的富营养化现象，是引起赤潮的根本原因。由于海洋环境污染日趋严重，赤潮发生的次数也随之逐年增加。香港海域曾发生了历史上最严重的一次赤潮。由于赤潮的频繁出现，使海区的生态系统遭到严重破坏，赤潮生物在生长繁殖的代谢过程和死亡的赤潮生物被微生物分解等过程中，消耗了海水中的氧气，鱼、贝因窒息而死。另外，赤潮生物的死亡，促使细菌大量繁殖，有些细菌能产生有毒物质，一些赤潮生物体内及其代谢产物也会含有生物毒素，引起鱼、贝中毒病变或死亡。

赤　潮

ENSO 事件

以赤道东太平洋水域表层水温异常增高和降低为主要特征的厄尔尼诺及反厄尔尼诺事件造成全球性天气气候异常，正引起国内外海洋气象专家的极大重视。人们不仅发现了热带海洋中的厄尔尼诺现象与发生在大气中的南方涛动密切相关，统称为 ENSO 事件，还进一步发现 ENSO 事件并非大气和海洋独有的异常现象，而是地球四大圈共同存在的大致同步的异常现象。这些研究对进一步揭示厄尔尼诺及反厄尔尼诺现象有积极意义。

引发海洋灾害的原因主要有大气的强烈扰动，如热带气旋、温带气旋等；海洋水体本身的扰动或状态骤变；海底地震、火山爆发及其伴生之海底滑坡、地裂缝等。海洋自然灾害不仅威胁海上及海岸，有些还危及沿岸城乡经济和人民生命财产的安全。例如，强风暴潮所导致的海侵（即海水上陆），在我国少则几千米，多则 20～30 千米，甚至达 70 千米，某次海潮甚至曾淹没多达 7 个县。上述海洋灾害还会在受灾地区引起许多次生灾害和衍生灾害。如风暴潮引起海岸侵蚀、土地盐碱化。

世界上很多国家的自然灾害因受海洋影响都很严重。例如，仅形成于热带海洋上的台风（在大西洋和印度洋称为飓风）引发的暴雨洪水、风暴潮、风暴巨浪，以及台风本身的大风灾害，就造成了全球自然灾害生命损失的60%。台风每年造成上百亿美元的经济损失，约为全部自然灾害经济损失的1/3。所以，海洋是全球自然灾害的最主要的源泉。

太平洋是世界上最不平静的海洋。太平洋以其西北部台风灾害多而驰名。据统计，全球热带海洋上每年大约发生80多个台风，其中3/4左右发生在北半球的海洋上，而靠近我国的西北太平洋则占了全球台风总数的38%，居全球8个台风发生区之首。其中对我国影响严重，并经常酿成灾害的近20个，登陆我国的平均每年7个，约为美国的4倍、日本的2倍、俄罗斯等国的30多倍。若登陆台风偏少，则会导致我国东部、南部地区干旱和农作物减产。然而台风偏多或那些从海上摄取了庞大能量的强台风登陆，不仅能引起海上及海岸灾害，登陆后还会酿成暴雨洪水，引发滑坡、泥石流等地质灾害。台风登陆后一般可深入陆地500余千米，有时达1000多千米。因此，往往一次台风即可造成数十亿元乃至上百亿元的经济损失。据1931～1977年的统计，我国发生的26次强暴雨洪水中，56%是由台风登陆后造成的。由于我国70%以上的大城市，1/2以上的人口以及55%的国民经济集中于东部经济地带和沿海地区，因此这些起源于海洋的严重的自然灾害，对我国造成的经济损失和人员伤亡，已经接近或超过全国最严重的自然灾害总损失的1/2。

综合最近20年的统计资料，我国由风暴潮、风暴巨浪、严重海冰、海雾及海上大风等海洋灾害造成的直接经济损失每年约5亿元，死亡500人左右。经济损失中，以风暴潮在海岸附近造成的损失最多，而人员死亡则主要是海上狂风恶浪所为。就目前总的情况来看，海洋灾害给世界各国带来的损失呈上升趋势。

台风和飓风

台风和飓风都是产生于热带洋面上的一种强烈的热带气旋，只是发生地点不同，叫法不同。在北太平洋西部、国际日期变更线以西，包括南中国海

范围内发生的热带气旋称为台风；而在大西洋或北太平洋东部的热带气旋则称飓风。也就是说在美国一带称飓风，在菲律宾、中国、日本一带叫台风。

造成严重后果的地质灾害

自然变异和人为的作用都可能导致地质环境或地质体发生变化，当这种变化达到一定程度时，所产生的诸如滑坡、泥石流、地面下降、地面塌陷、岩石膨胀、沙土液化、土地冻融、土壤盐渍化、土地沙漠化以及地震、火山、地热害等后果，会给人类和社会造成危害，这种现象被称为地质危害。地质危害也包括派生的灾害。

泥石流

泥石流是在山区沟谷中，因暴雨、冰雪融化等水源激发的、含有大量泥沙石块的特殊洪流。

泥石流的形成必须同时具备以下 3 个条件：1. 陡峻的便于集水、集物的地形地貌；2. 丰富的松散物质；3. 短时间内有大量的水源。

泥石流按其物质成分可分为 3 类：1. 由大量黏性土和粒径不等的砂粒、石块组成的叫泥石流；2. 以黏性土为主，含少量黏粒、石块、黏度大，成稠泥状的叫泥流；3. 由水和大小不等的砂粒、石块组成的叫水石流。

泥石流的危害包括：对居民点的危害；对公路、铁路的危害；对水利、水电工程的危害；对矿山的危害。

滑　坡

滑　坡

滑坡上的岩石山体由于种种原因在重力作用下沿一定的软弱面（或软弱带）整体地向下滑动的现象叫滑坡。俗称“走山”、“跨山”、“土溜”等。

滑坡的条件：斜坡岩、土只有被各种构造面切割分离成连续状态时，才可能具备向下滑动的条件。

滑坡的活动强度：主要与滑坡的规模、滑坡速度、滑坡距离及其蓄积的位能和产生的动能有关。

滑坡的活动时间：主要与诱发滑坡的各种外界因素有关。如地震、降雨、冻融、海啸、风暴潮及人类活动等。

崩　塌

崩塌也叫崩落、垮塌或塌方，是陡坡上的岩体在重力作用下突然脱离母体，崩落、滚动、堆积在坡脚（或沟岩）的地质现象。

崩　塌

按崩塌体物质的组成，崩塌可分为土崩和岩崩两大类。

崩塌的活动时间：崩塌一般发生在暴雨及较长时间连续降雨过程中或稍后一段时间；强烈地震过程中；开挖坡脚过程之中或稍后一段时间；水库蓄水初期及河流洪峰期；强烈的机械振动及大爆破之后。

崩塌的地域性：西南地区为我国崩塌分布的主要地区。

地面下沉

地面下沉是由于长期干旱，使地下水位降低，加之过量开采地下水等导致的地壳变形现象。

地　震

地震是一种破坏力极大的自然灾害。除了地震直接引起的山崩、地裂、房倒屋塌之外，还会引起火灾、水灾、爆炸、滑坡、泥石流、毒气蔓延、瘟疫等次生灾害。

地震与震级

地震是地球内部发生的急剧破裂产生的震波在一定范围内引起地面振动的现象。地震是极其频繁的，全球每年发生地震约550万次。

震级是划分震源放出的能量大小的等级。释放能量越大，地震震级也越大。地震震级分为九级，一般，人对小于2.5级的地震无感觉；2.5级以上才有感觉；5级以上的地震会造成破坏。震级每相差1.0级，能量相差大约30倍；每相差2.0级，能量相差约900多倍。我国目前使用的震级标准，是国际上通用的里氏分级表，共分9个等级。通常把小于2.5级的地震叫小地震，2.5—4.7级地震叫有感地震，大于4.7级地震称为破坏性地震。

有利有弊的森林大火

森林火灾是指失去人为控制，在林地内自由蔓延和扩展，对森林、森林生态系统和人类带来一定危害和损失的林火行为。森林火灾是一种突发性强、破坏性大、处置救助较为困难的自然灾害。

林火发生后，按照对林木是否造成损失及过火面积的大小，可把森林火灾分为森林火警（受害森林面积不足1公顷或其他林地起火）、一般森林火灾（受害森林面积在1公顷以上，100公顷以下）、重大森林火灾（受害森林面积在100公顷以上，1000公顷以下）、特大森林火灾（受害森林面积1000公顷以上）。

森林火灾

人为原因是引发森林火灾最大的一个因素，其次长期的天气干燥也可能导致地面温度持续升高，易引起森林物质自燃。并且雷击也可以导致火灾的发生。

1950 年以来，我国年均发生森林火灾 13067 起，受害森林面积 653019 公顷，因灾伤亡 580 人。其中 1988 年以前，全国年均发生森林火灾 15932 起，受害森林面积 947238 公顷，因灾伤亡 788 人（其中受伤 678 人，死亡 110 人）。1988 年以后，全国年均发生森林火灾 7623 起，受害森林面积 94002 公顷，因灾伤亡 196 人（其中受伤 142 人，死亡 54 人），分别下降 52.2%、90.1% 和 75.3%。

森林火灾是一种突发性强、破坏性大、处置救助较为困难的自然灾害。森林防火工作是我国防灾减灾工作的重要组成部分，是国家公共应急体系建设的重要内容，是社会稳定和人民安居乐业的重要保障，是加快林业发展，加强生态建设的基础和前提，事关森林资源和生态安全，事关人民群众生命财产安全，事关改革发展稳定的大局。简单地说，森林防火就是防止森林火灾的发生和蔓延，即对森林火灾进行预防和扑救。预防森林火灾的发生，就要了解森林火灾发生的规律，采取行政、法律、经济相结合的办法，运用科学技术手段，最大限度地减少火灾发生次数。扑救森林火灾，就是要了解森林火灾燃烧的规律，建立严密的应急机制和强有力的指挥系统，组织训练有素的扑火队伍，运用有效、科学的方法和先进的扑火设备及时进行扑救，最大限度地减少火灾损失。

森林扑火要坚持“打早、打小、打了”的基本原则。1988 年 1 月 16 日国务院发布的《森林防火条例》规定：森林防火工作实行“预防为主，积极消灭”的方针。森林防火工作实行各级人民政府行政领导负责制。林区各单位都要在当地人民政府领导下，实行部门和单位领导负责制。预防和扑救森林火灾，保护森林资源，是每个公民应尽的义务。

《森林防火条例》已经在 2008 年 11 月 19 日国务院第 36 次常务会议修订通过，自 2009 年 1 月 1 日起执行。

因吸烟点火乱扔未熄灭的烟头，造成火灾的案例屡见报端，最典型的莫过于 1987 年 5 月大兴安岭森林火灾。此次大火共造成 69.13 亿元的惨重损失。事后查明，这次特大森林火灾，最初的五个起火点中，有四处系人为引起，其中两处起火点是三名“烟民”抛弃的烟头引燃的。

森林是大自然的组成部分，哪里有森林，哪里就有生命。在诸多影响森

林的自然因子中，火灾对森林的影响和破坏最为严重。研究表明，很多森林生态是依赖火的，火对森林的影响历史远比人对森林影响历史漫长的多。从能量的观点分析，森林生长是太阳能转换的能量积累方式之一，能量积累到一定程度就会释放出来。

火同水分、土壤、树木、动物一样是森林生态系统中的一个因子。森林中的植物利用光合作用把太阳能转化为化学能，而火烧则是森林迅速释放大量能量的过程，这一过程是生态系统物质和能量循环的一部分。火对森林、森林环境的影响和作用是多方面的，有时火的作用是短暂的，有时则是长期的。火烧后，森林环境和小气候发生改变，由于林地裸露，太阳光直射，土壤表面温度增加，湿度变小。林火不但改变森林结构，而且会引起其他生态因子的重新分配，影响到森林植物群落的变化。

国内外的研究表明，火对森林的影响概括为有害作用和有益作用，火具有双重属性。有害作用一般是指森林火灾对生态系统的危害，火烧后森林生态系统难以恢复，如高强度、大面积的森林火灾，对森林资源和整个森林生态系统可以造成毁灭性的损失，更严重的会对居民财产、交通、大气环境和人们日常生活造成影响。因此，森林大火不仅无情毁灭森林中的各种生物，破坏陆地生态系统，其产生的巨大烟尘也将严重污染大气环境，直接威胁人类生存条件，而且扑救森林火灾需耗费大量的人力、物力、财力，给国家和人民生命财产带来巨大损失，扰乱所在地区经济社会发展和人民生产、生活秩序，直接影响社会稳定。目前，世界各国都把大面积的森林火灾作为重大自然灾害加以预防和控制。

有益火烧可以促进森林生态系统的健康发展，如低强度火烧和营林用火等。有益火烧使森林生态系统的能量缓慢释放，促进森林生态系统营养物质转化和物种更新，有益于森林生态系统的健康，火烧后森林容易恢复。人们常常利用火的有益作用开展有计划、有目的的火烧，火成为人类经营森林的一种工具。例如，利用有计划的火烧减少林地可燃物和控制病虫、鼠害，促进森林天然更新；进行炼山造林或利用火烧进行森林抚育，也可以利用火烧促进灌木生长，改善野生动物栖息环境。对于火的两重属性，目前还停留在研究阶段，国内外还存在很多争论。值得一提的是大火都是由小火酿成的，所以世界各国都把初发小火的扑救作为森林防火的关键，对于火有益方面的结论和看法也大多局限于火灾后的调查研究。

自然灾害与传染病流行机制

自然灾害破坏了人与其生活环境间的生态平衡，形成了传染病易于流行的条件，因而，控制传染病便成为抗灾工作的一个重要组成部分。

自然灾害后，随着旧的生态平衡的破坏和新的平衡的建立，灾害条件所引起的传染病流行条件的改变还将存在一个时期，这种灾害的“后效应”是灾害条件下的传染病控制与其他的抗灾工作不同的一个重要特征。当自然灾害的直接后果被基本消除之后，消除其“后效应”将成为工作的重点，而且这种工作实际上将成为灾害条件下传染病控制的主要工作。

对于不同类型的自然灾害，传染病控制工作也具有不同的特征。在这个意义上，可将灾害划分为突发性灾害，包括水灾、地震、火山喷发、海啸、台风等在短时期内造成重大损害的自然灾害；渐进性灾害，包括旱灾和现在已罕见的虫灾引起的饥荒等。

由于自然灾害对传染病发病机制的影响，在自然灾害之后，传染病的发病可能呈现一种阶段性的特点。

在突发性自然灾害发生时，首当其冲的是饮用水和食品的来源遭到破坏，因此，肠道传染病将是灾后早期的主要威胁。特别是水源污染和食物中毒，往往影响到大量的人口，应是灾后早期疾病控制的重点。

房屋的破坏使大量人口露天居住，容易受到吸血节肢动物的侵袭。但由于节肢动物的数量和传染源数量需要有一个积累过程，因此，传染病的发生通常略晚，并可能是一个渐进的过程。

人口的过度集中，使通过密切接触的传染病发病率上升。如果灾害的规模较大，灾区人口需要在检疫条件下生活较长的时间，当寒冷季节来临时，呼吸道传染病的发病率也将随之上升。

人口迁徙可能造成两个发病高峰。第一个高峰由人口外流引起的，但由于病人散布在广泛的非受灾地区，这个发病高峰往往难以察觉，不能得到相应的重视。当灾区重建开始，外流的灾区人口重返故乡时，将出现第二个发病高峰，并往往以儿童的发病率为特征。

最后，灾后实际上是一个生态平衡重建的过程，这一时期可能要持续两三年甚至更长一些时间。在此期间，人与动物共患的传染病，通过生物媒介传播的传染病，都可能呈现出与正常时间不同的发病特征，并可能具有较高的发病率。

饮用水供应系统被破坏

绝大多数的自然灾害都可能造成饮用水供应系统的破坏，这将是灾害发生后首当其冲的问题，常在灾害后早期引起大规模的肠道传染病的爆发和流行。

在水灾发生时，原来安全的饮用水源被淹没、破坏或淤塞，人们被迫利用地表水为饮用水源。这些水往往被上游的人畜排泄物、人畜尸体以及被破坏的建筑中的污物所污染。特别是在低洼内涝地区，灾民被洪水较长时间地围困，容易引起水源性疾病的暴发流行。孟加拉国水灾时曾造成大量的人死亡。

在地震时，建筑物的破坏也会涉及供水系统，使居民的正常供水中断，这对于城市居民的影响较为严重，而且由于管道的破坏，残存的水源极易遭到污染。海啸与风灾也可能造成这种情况。

灾害时，由于许多饮用水源枯竭，造成饮用水源集中。在一些易于受灾的缺水地区，居民往往需要到很远的地方去取饮用水。一旦这些水源受到污染，将会造成疾病的暴发流行。如四川巴塘曾因旱灾而发生过极为严重的细菌性痢疾流行。

在一些低洼盐碱地区，水旱灾害还会造成地下水位的改变，从而影响饮用水中的含盐量和 pH 值。当水中的 pH 值与含盐量升高时，有利于霍乱弧菌的增殖，因而在一些霍乱疫区，常会因水旱灾害而造成霍乱的再发，并且能延长较长时间。

食物短缺

尽管向灾区输送食物已成为救灾的第一任务，但当规模较大，涉及地域广阔的自然灾害发生时，局部的食物短缺仍然难以完全避免。加之基本生活条件的破坏，人们被迫在恶劣条件下储存食品，很容易造成食品的霉变和腐烂，从而造成食物中毒以及食源性肠道传染病流行。

水灾常伴随阴雨天气，这时的粮食极易霉变。最近发生的中国南方数省的一次大规模水灾过程中，就曾发生多起霉变中毒事件。当灾害发生在天气炎热的季节时，食物极易发生腐烂变质。由于腌制食品较易保存，在大规模灾害期间副食品供应中断时，腌制食品往往成为居民仅有的副食，而这易引起嗜盐菌中毒。

食物短缺还会造成人们的身体素质普遍下降，从而使各种疾病易于发生和流行。

燃料短缺

在大规模的自然灾害中，燃料短缺也是常见的现象，在被洪水围困的灾民中更是如此。燃料短缺首先使灾民不得不喝生水，进食生冷食物，从而导致肠道传染病的发生与蔓延。

在严重的自然灾害后，短期内难以恢复燃料供应可能造成居民个人卫生水平的下降。特别是进入冬季，人群仍然处于居住拥挤状态，可能导致体表寄生虫的孳生和蔓延，从而导致一些本来已处于控制状态的传染病（如流行性斑疹、伤寒等）重新流行。

水体污染

洪水往往造成水体的污染，造成一些经水传播的传染病大规模流行，如血吸虫病、钩端螺旋体病等。但洪水对于水体污染的作用是两方面的。在大规模的洪水灾害中，特别是在进行期间，由于洪水的稀释作用，这类疾病的发病并无明显上升的迹象，但是，当洪水开始回落，在内涝区域留下许多小的水体，如果这些小的水体遭到污染，则极易造成这类疾病的爆发和流行。

居住条件被破坏

水灾、地震、火山喷发和海啸等，都会对人们的居住条件造成大规模的破坏。在开始阶段，人们被迫露宿，然后可能在简陋的棚屋中居住相当长的时间，造成人口集中和居住拥挤。唐山地震时，在唐山、天津等大城市中，

简易棚屋绵延数十里，最长时间的居住到一年以上。即使迁回原居之后，由于大量的房屋被破坏，部分居住拥挤状态仍将持续很长时间。

露宿使人们易于受到吸血节肢动物的袭击。在这一阶段，虫媒传染病的发病率可能会增加，如疟疾、乙型脑炎和流行性出血热等；人口居住的拥挤状态，有利于一些通过人与人之间密切接触传播的疾病流行，如肝炎、红眼病等。如果这种状态持续到冬季，则呼吸道传染病将成为严重问题，如流行性感冒、流行性脑脊髓膜炎等。

人口迁徙

自然灾害往往造成大规模的人口迁徙。唐山地震时，伤员运送直达位于我国西南腹地的成都和重庆。在城市重建期间，以投亲靠友的形式疏散出来的人口，几乎遍布整个中国。而今现在的经济条件下，灾区居民外出并从事劳务活动，几乎成了生产自救活动中最重要的形式。

人口的大规模迁徙，首先给一些地方病的蔓延造成了条件，并使一些疾病大流行。如中世纪的黑死病，中国云南历史上最近一次鼠疫大流行，就是从人口流动开始的。

鼠　疫

人口流动造成了两个方面的问题。其一，当灾区的人口外流时，可能将灾区的地方性疾病传播到未受灾的地区。更重要的是，当灾区开始重建，人口陆续还乡时，又会将各地的地方性传染病带回灾区。如果受灾地区具备疾病流行的条件，就有可能造成新的地方病区。

人口流动带来的第二个重大问题是它干扰了一些主要依靠免疫来控制疾病的人群的免疫状态，造成局部无免疫人群，从而为这些疾病的流行创造了条件。

自然灾害与传染病生物媒介

许多传染病并不只是在人群间传播，一些疾病必须通过生物媒介进行传播。自然灾害破坏了人类、宿主动物、生物媒介以及疾病的病原体之间旧有的生态平衡，在新的基础上建立新的生态平衡，因此，灾害对这些疾病的影响将更加久远。

蝇　类

蝇类是肠道传染病的重要传播媒介，它的孳生与增殖，主要由人类生活环境的卫生状况来决定。大的自然灾害总是会对人类生活环境的卫生条件造成重大破坏，蝇类的孳生几乎是不可避免的。

地震过后，房倒屋塌，死亡的人和动物的尸体被掩埋在废墟下，还有大量的实物及其他有机物质，在温度的气候条件下，这些有机成分会很快腐烂，为蝇类提供了易孳生的条件。因而，像唐山地震那样大的地震破坏，常会在极短的时间内出现数量惊人的成蝇，对灾区居民构成严重威胁。

洪水退后，溺死的动物尸体以及各种有机废物将大量地在村庄旧址上沉积下来，如不能及时消除，也会造成大量的蝇类孳生。

即使在旱灾情况下，由于水的缺乏，也会存在一些不卫生的条件，而有利于蝇类的孳生。因此，在灾后重建的最初阶段，消灭蝇类将是传染病控制工作中的重要任务。

蚊　类

在传播疾病的吸血节肢动物中，蚊类是最主要的，与灾害的关系也最为密切。在我国常见的灾害条件下，疟疾和乙型脑炎对灾区居民的威胁最为严重。

蚊的孳生需要小型静止的水体。因而，在大的洪灾中，行洪期间蚊子密度的增长往往并不明显。但在水退后，在内涝地区的低洼处往往留有大量的小片积水地区，杂草丛生，成为蚊类最佳繁殖场所。此时如有传染源存在，就会使该地区的发病率迅速升高。

旱灾可使一些河水断流，湖沼干涸，而这些河流与湖泊中残留的小水洼，也会成为蚊类的良好孳生场所。

在造成建筑物被大量破坏的灾害如地震与风灾中，可能同时造成贮水建筑和管道的破坏。自来水的漫溢，特别是生活污水在地面上的滞留，也会成为蚊类大量孳生的环境。

灾害不仅会造成蚊类密度升高，还会造成蚊类侵袭人类的机会增加。被洪水围困或由于房屋破坏而被迫露宿的居民，往往缺乏抵御蚊类侵袭的有效手段，这也是造成由蚊类传播的疾病发病率上升的重要原因。

其他吸血类节肢动物

在灾害条件下，吸血节肢动物侵袭人类的机会增加，蚊类有时会机械地传播一些少见的传染病如炭疽等。人类在野草较多、腐殖质丰富的地方露宿时，容易遭到恙螨、革螨等的侵袭，在存在恙虫病和流行性出血热的地区，这种对人类的威胁就大量增加。发生在森林地区的灾害，如森林火灾迫使人类在靠近灌木丛的地区居住时，会增加蜱类叮咬的机会，并可能导致一系列的疾病如森林脑炎、莱姆病和斑点热等的流行。

寄生虫类

在我国，现存的血吸虫病的分布多处于一些易于受到洪涝灾害的区域，而钉螺的分布，则受到洪水极大的影响。

在平时，钉螺的分布随着水流的冲刷与浅滩的形成而不断变化。洪水条件下，有可能将钉螺带到远离其原来孳生的地区，并在新的适宜环境中定居下来。因而，洪涝灾害常常会使血吸虫病的分布区域明显扩大。

家　畜

家畜是许多传染病的重要宿主，例如猪和狗是钩端螺旋体病的宿主，猪和马是乙型脑炎的宿主，牛是血吸虫病的宿主。当洪水灾害发生时，大量的灾民和家畜往往被洪水围困在极为狭小的地区。造成房屋大量破坏的自然灾害也会导致人与家畜之间的关系异常密切。这种环境下，会使人与动物共患的传染病易于传播。

家栖及野生鼠类

家栖的和野生的鼠类是最为重要的疾病宿主，其分布与密度受到自然灾害的明显影响。

大多数与疾病有关的鼠类，在地下穴居生活，它们的泅水能力并不十分强。因而，当较大规模的水灾发生时，会使鼠类的数量减少；然而，部分鼠类可能利用漂浮物逃生，集中到灾民居住的地势较高的地点，从而在局部地区形成异常的高密度。在这种条件下，由于人与鼠类间的接触异常密切，便有可能造成疾病的流行。

由于鼠类的繁殖能力极强，在被洪水破坏的村庄和农田中通常遗留下可为鼠类利用的丰富食物，因而在洪水退后，鼠类密度可能会迅速回升，在其后一段时间内，会出现极高的种群密度，从而促使鼠类间疾病流行，并危及人类。

干旱可能使一些湖沼地区干涸，成为杂草丛生的低地。这种地区为野生鼠类提供了优越的生活环境，使其数量迅猛增长。曾有报道说这种条件引起了人群流行性出血热的流行。

地震等自然灾害造成大量的房屋破坏，一些原来鼠类不易侵入的房屋被损坏，废墟中遗留下大量的食物使得家栖的鼠类获得了大量繁殖的条件。当灾后重建开始，居民陆续迁回原有的住房时，鼠患可能成为重大问题，由家鼠传播的疾病的发病率也将上升。

蜱虫与传染病

蜱虫俗称草扒子、狗鳖、草别子、牛虱等，是一种寄生虫。蜱的幼虫、若虫、雌雄成虫都吸血。宿主包括陆生哺乳类、鸟类、爬行类和两栖类，有些种类还会侵袭人体。这在流行病学上有重要意义。硬蜱多在白天侵袭宿主，吸血时间较长，一般需要数天。软蜱多在夜间侵袭宿主，吸血时间较短，一般数分钟到 1 小时。蜱的吸血量很大，各发育期饱血后可胀大几倍至几十倍，雌硬蜱甚至可达 100 多倍。

蜱虫是传播森林脑炎、新疆出血热、蜱媒回归热、莱姆病、Q热、北亚蜱传立克次体病和细菌性疾病的媒介。因此，各地居民都在蜱虫出没的季节和地点积极采取防治措施。

自然灾害之后的传染病防治

鉴于自然灾害对传染病发病的上述影响，自然灾害后的传染病防治工作，应有与正常时期不同的特征，且政府有关部门应当承担防治的组织领导工作。根据灾害时期传染病的发病特征，可将传染病控制工作划分为四个时期。

灾害前期

我国幅员辽阔，一些地区为自然灾害的易发地区。因此，在灾害发生前，应有所准备，其中包括传染病防治工作。

1. 基本资料的积累。为及时在灾害时期制定科学的防治对策，应注重平时的基本资料的积累，包括人口资料、健康资料、传染病发病资料、主要的地方病分布资料以及主要的动物宿主与媒介的分布资料等。

2. 传染病控制预案的制订。在一些易于受灾的地区，如地震活跃区、大江大河下游的低洼地区以及分洪区等，都应有灾害时期的紧急处置预案，其中也应包括传染病控制预案。预案应根据每个易受灾地区的具体情况，确定不同时期的防病重点。可供派入灾区的机动队伍的配置，以及急需的防病物资、器材的储备地点与调配方案等，也应在预案中加以考虑。由于自然灾害的突发性，不可能针对每一个可能受灾的地区制订预案，应根据一些典型地区制定出较为详细的预案，以作示范之用。

3. 机动防疫队准备。由于自然灾害的重大冲击，灾区内往往没有足够的卫生防疫和医疗力量以应对已发生的紧急情况。在突发性的灾害面前，已有的防疫队伍也往往陷于暂时的混乱与瘫痪状态。因此，当重大的自然灾害发生后，必须要派遣机动防疫队伍进入灾区，支援疾病控制工作。

4. 进入应对突发状态的准备。针对一些易受灾地区，应定期对这些机动队伍的人员进行训练，使其对主要机动方向的卫生和疾病情况、进入灾区后可能遇到的问题有所了解。在人员变动时，这些机动队伍的人员也应及时得到补充和调整，使其随时处于能够应付突发事件的状态。

灾害冲击期

在大规模的自然灾害突然袭击的时候，实际上不可能展开全面有效的疾病防治工作。但在这一时期内，以紧急救护为目的派入灾区的医疗队，应当配备足够数量的预防与处理肠道传染病的药物，并注意发生大规模传染病的征兆，做出适当处理，以控制最初的疾病暴发流行。

灾害后期

当灾区居民脱离险境，在安全的地点暂时居住下来时，就应系统地进行疾病防治工作：

1. 重建群众性疾病监测系统

由于重大自然灾害的冲击，抗灾工作的繁重以及人员的流动，平时建立起来的疾病监测和报告系统在灾后的初期常常处于瘫痪状态。因而，卫生管理部门及机动防疫队伍所要进行的第一项工作，应是对其进行整顿，并根据灾民聚居的情况重新建立疫情报告系统，以便及时发现疫情并予以正确处理。监测的内容不仅应包括法定报告的传染病，还应包括人口的暂时居住和流动情况，主要疾病的发生情况，以及居民临时住地及其附近的啮齿动物和媒介生物的数量。

灾后消毒

2. 重建安全饮水系统

由于引水系统的破坏对人群构成的威胁最为严重，应采取一切可能的措施，首先恢复并保障安全的饮用水供应。

3. 大力开展卫生运动

改善灾后临时住地的卫生条件，是减少疾病发生的重要环节。因此，当居民基本上脱离险境，到达安全地点后，就应组织居民不断地改善住地的卫生条件，消除垃圾污物，定期喷洒杀虫剂以降低蚊、蝇密度，必要时进行灭鼠工作。

在灾害过后开始重建时，也应在迁回原来的住地之前首先改善原住地的卫生条件。

4. 防止吸血昆虫的侵袭

在居民被迫露宿的条件下，不可能将吸血昆虫的密度降至安全水平。因此，预防虫媒传染病的主要手段是防止昆虫叮咬。可使用一切可能的办法，保护人群少受蚊虫等吸血昆虫的叮咬。如利用具有天然驱虫效果的植物熏杀和驱除蚊虫，并应尽可能地向灾区调入蚊帐和驱蚊剂等物资。

5. 及时发现和处理传染源

在重大自然灾害的条件下，人口居住拥挤，人畜混杂等现象往往难于在短期内得到改善。因此，发现病人，及时正确的隔离与处理是降低传染病的基本手段。

有一些疾病，人类是唯一的传染源，如肝炎、疟疾等。在灾区居民中应特别注意及时发现这类病人，并将其转送到具有隔离条件的医疗单位进行治疗。

另外，还有许多疾病不仅可发生在人类身上，动物也会成为这些疾病的重要传染源。应注意对灾区的猪、牛、马、犬等家畜和家养动物进行检查，及时发现钩端螺旋体、血吸虫病及乙型脑炎感染情况，并对成为传染源的动物及时进行处理。

6. 对外流的人群进行检诊

灾害发生后，会有大量的人群以从事劳务活动或探亲访友等形式离开灾区。因此，在灾区周围的地区，特别是大中城市，应特别加强对来自灾区的人口进行检诊，以便及时发现传染病的流行征兆。在一些地方性疾病的地区，还应对这些外来人口进行免疫预防，以避免某些地方性传染病的暴发流行。

后效应期

当受灾人群迁回原来住地，开始灾后重建工作，灾后的传染病防治工作便进入针对灾害后效应的阶段。

1. 对回乡人群进行检诊与免疫

在这个阶段，流出灾区的人口开始陆续回乡，传染病防治工作的重点应转到防止在回乡人群中出现第二个发病高峰。

外出从事劳务工作的人员，可能进入一些地方病疫区，并在那里发生感染，有可能将疾病或疾病的宿主与媒介带回到自己的家乡。因此，应在回乡人员中加强检诊，了解他们曾经到达过哪些地方病疫区（如鼠疫、布氏菌病、血吸虫病等），并针对这些可能的情况进行检查，如果发现患者应立即医治。

在外地出生的婴儿往往对家乡的一些常见的疾病缺乏免疫力，因而应当加强对婴儿和儿童的检诊，以便及时发现和治疗他们的疾病。

由于对流动人口难以进行正常的计划免疫工作，在这些人群中往往会出现免疫空白，因此，对回乡人群及时进行追加免疫，是防止疾病发病率升高的重要措施。

2. 对灾区的重建和对疾病重新进行调查

自然灾害常能造成血吸虫病、钩端螺旋体病、流行性出血热等人与动物共患的传染病污染区域扩大，并导致动物病的分布及流行强度的改变。因此，在灾后重建时期内，应当对这些疾病的分布重新进行调查，并采取相应的预防措施，以防止其在重建过程中爆发流行。

对灾区的家庭及个人而言，需要注意以下几点：

（1）注意饮用水的清洁，有条件的要遵照救灾人员的指导，严格用药品消毒，没有条件的也要尽可能将水煮沸后再饮用，切不可因怕麻烦而随便饮用已被污染的水。

（2）注意食品卫生，切忌进食一些来源不明的食物，以免遭受更大的损害。

（3）配合救灾人员做好灭蝇、灭蚊、灭鼠等工作，并尽一切办法防止蚊虫叮咬。

（4）发现异常情况，如周围有人生病、发烧、患上皮肤病等，要立即向救灾人员或有关部门报告。

（5）尽可能避免多人同住一室，避免与动物同宿，即使是自家的家禽家畜也不行。

（6）若非必要，在没有相关人员组织、指导的情况下不要任意搬迁。外出人员也不可因关心亲友安全而贸然进入灾区。

灾后自来水等供应水中断，必须饮用地下水、消防用水等驻留水时，应注意确保饮用水安全。灾后如自来水供应中断，应以饮用瓶装水为优先考虑，或至指定地点取水煮沸后饮用。

海平面上升威胁人类安全

地球变暖致使全球的海平面上升，科学家担心如果任其下去，有一天会发生海侵，这不是杞人忧天，更不是耸人听闻。

由于海水上涨，土地下沉，埃及尼罗河三角洲正慢慢消失在地中海里，一些土地和城镇将从版图中消失。预计几十年后，现在的港口城市塞得港等地将沦为一片汪洋。

淹没在海水中的城市

不断上涨的洋面大大降低了孟加拉国自然屏障对风暴潮的抵抗力，风暴潮竟可长驱直入到入海口上游160千米处。1970年发生的20世纪最严重的风暴潮灾难，几乎横扫了孟加拉国乡镇，席卷而来的风暴潮一开始就夺走了30万条人命，淹死了几百万头牲畜，摧毁了孟加拉国大部分渔船。

南亚岛国马尔代夫的不少岛礁，因为海水不断上涨，已经被淹没。首都马累的国际机场也多次被海水所淹。现在大多数岛屿仅高于海平面1米左右，一旦洋面继续上升，它们将统统不复存在。

联合国IPCC（有关气候变化的政府间协调委员会）的科学家和工作人员经常在这些令人不安的消息中忙碌着。他们发出警告，人类正面临着海平面持续上升带来的危险，与海岸紧紧“拥抱”的沿海地区和沿海城市，将成为首当其冲的“重灾区”，在人类又将回到诺亚方舟的时代到来之前，千万不能“坐以待淹”。

据德新社报道的联合国有关部门的估算，全世界目前有35万千米海岸线，6400千米城市海岸线，10700千米位于旅游区的海滩及1800千米的港口地带，世界1/3的人口和多数大城市都分布在这些海岸线上和大河口地区，其中世界上最大的35个城市中有20个地处沿海，如果海平面真的出现1～2米的上升，世界级的大城市，如纽约、曼谷、悉尼、墨尔本、里约热内卢、圣彼得堡、上海将面临着被淹没的浩劫。同时，最主要的工业区和最富庶的郊区农业基地也会遭到灾难性的损失，大面积的土地亦将没入海下，还会导致海岸线移动，陆海变迁，对大陆架和海岸地貌，浅海近岸产生难以预料的影响。

海水入侵，又将造成大面积土壤碱化、沼泽化，由此而导致农作物品种退化、粮食减产以及饮用水碱化、污染等一系列灾害。随着海平面上升，旋风活动加剧，这意味着地球将进一步缩小陆地面积，增大洪涝灾害的影响范围，而更加频繁的台风与风暴的袭击将加重沿海城市和地区的自然灾害。

我国位于太平洋的西北岸，海岸线长达1.8万千米。我国海平面平均每年上升0.14～0.2厘米，海平面上升速率逐年在加快，已成为太平洋海平面上升速率最快的海域。

据预测，如果21世纪末海平面真的上升1米的话，就足以淹没天津地区平原、江苏省的河口地区。如果海平面再升高些，江苏省就会有更多的地区和一些海滨城市变成海洋，长江口有可能退至现在的镇江段，真的出现“水漫金山”的景象。

有人计算，在大约几个世纪以后，海面的上升将达到3～5米之多，到那时，我国的大部分沿海平原将沦为泽国，甚至北京也将变为一个沿海城市。

专家们指出，我国沿海地区人口稠密，开放城市和新兴的工业城市大多集中在海岸线上，城市工业基础设施、经济技术开发区又大都建在低洼带之上。近年来，上海、天津等沿海城市包括毗邻沿海地区的苏、锡、常等城市群，相继发生大面积的地面沉降，海平面上升幅度较大的地区，又基本上属于沿海开放城市等地区，由此可见其后果的严重性。

在海平面上升的灾难面前，沿海居民正面临着十分严峻的两种选择：要么从海岸撤离，要么挡住海水。

20世纪以来，人类在征服海洋斗争中似乎获得了一种信念，即人类的智慧可以驾驭任何一种自然力，其中有着“低洼之国”之称的荷兰可谓是向海

洋主动挑战的英雄，他们精心维护的数百千米的堤坝和天然沙丘使低于海平面一半以上的国土免遭海水的吞噬。

美国正花费高达320亿～3090亿美元加固加高防波堤、墙，修建新的堤坝以对付海平面上升1～2米所带来的巨大威胁，并停止在海岸线建新城市及工业、旅游、疗养设施和海滨低洼公路。

由此看来，这些经济雄厚的国家和地区为全力防止海岸性灾难而制定了行之有效的防护计划和措施，表明了他们无意撤离海岸的决心。

“凡事预则立，不预则废。”专家们认为，修建防波堤虽然只是解决燃眉之急，但提前做好准备工作，要比几十年后“临时抱佛脚”更好些，能把损失和灾难降低到最低限度。

不久前，出席中国海平面变化及对策座谈会的专家一致建议，作为发展中的中国，不能听任海平面上升灾难的摆布，为了使海平面上升的可能性大大缩小，从现在起，就要教育人民增强海洋意识，树立防灾观念。要根据中国国情，贯彻以防为主，防救结合的方针。沿海城市要尽量减少开采地下水，搞好回灌，以减轻减少地面沉降；在重点地段建筑防护堤坝预防海水入侵；在地势低洼的岸段新建工程要考虑海平面上升的防范措施，加高起始高度。专家们还一致提议，因海平面上升可能被淹没的地区，从现在起要尽量避免将沿海低地作为新的经济开发区或高技术开发区。据报道，泰国、印度等国的政府和组织大都采取放慢发展本国经济的应急措施，制定出行之有效的防护计划。

地下水开采与回灌

地下水是水资源的重要组成部分，由于水量稳定，水质好，是农业灌溉、工矿和城市的重要水源之一。但是由于过度开采和不合理的利用地下水，常常造成地下水位严重下降，形成大面积的地下水下降漏斗，在地下水用量集中的城市地区，还会引起地面沉降、岩溶塌陷、海水入侵、水质污染等问题。

近年来，人们已经意识到了超采地下水的严重性，用人工方法通过水井、砂石坑、古河道等，或利用钻井修建补水工程，让地下水自然下渗或将地表水注入地下含水层，以保护地下水资源，防治地面沉降等。

人类健康与环境污染治理

RENLEI JIANKANG YU HUANJING WURAN ZHILI

环境污染以及由此而引发的种种问题对人类健康的侵袭日益严重，已引起了全社会的关注。世界各国人民和政府都在积极治理环境污染，寻求人与自然和谐相处之路。治理环境污染的经验表明，有效地治理环境污染对人类的健康具有重要意义。人们也已经找到了许多治理环境污染的有效办法，如巧妙地利用绿色植物来隔离噪音，用微生物来降解白色垃圾等。

但是，由于环境污染积弊已深，不是几年、几十年内就可以完成治理过程的，严重的污染问题至今仍在困扰着全人类。治理环境污染需要一代人，甚至几代人的共同努力。为了人类的健康，为了人类和地球美好的明天，人们在治理环境污染方面还有很长的路要走。

未来的“宇宙飞船经济”

人类社会的发展需要利用自然资源，而自然资源又是有限的。为了从根本上解决这一矛盾，必须在未来建立一种新的经济方式。英国著名的经济学

家 K. E. 博尔丁提出两种经济模式，一种是现有的对自然界进行掠夺、破坏式的经济模式，称之为“牧童经济”；另一种是未来应建立的模式，叫做“宇宙飞船经济”。

“牧童经济”是一个生动比喻，使人们想到牧童在放牧时，只管放牧而不顾对草原的破坏。这种经济的主要特点就是大量地、迅速地消耗自然资源，把地球看成取之不尽的资源库，进行无限度的索取，同时，造成废物大量累积，使环境污染日益严重。它表现为追求高生产量（消耗自然资源）和高消费量（商品转化为污染物）。

“牧童经济”主要是指现代西方的资本主义经济模式。由于这些特点，许多经济学家确信，这种经济模式不能无限期地维持下去，否则会给人类和环境的长远利益带来灾难，它所造成的人类和环境的矛盾，最终可能导致人类自身的灭亡。

博尔丁认为，“牧童经济”将会被“宇宙飞船经济”所代替。我们知道，科学家在设计宇宙飞船时，非常珍惜飞船的空间，在飞船中，几乎没有废物，即使乘客的排泄物也经过处理、净化，变成乘客必需的氧气、水和盐回收，再给乘客使用。如此循环不已，构成一个宇宙飞船中的良性生态系统。

“宇宙飞船经济”也是根据这一生态系统的思想而提出的。它把地球看成一个巨大的宇宙飞船，除了能量要依靠太阳供给外，人类的一切物质靠完善的循环来得到满足。事实上，地球上的生命生生不息的奥秘，就在于地球是一个自给自足的生态系统，它在太阳能的推动下，日复一日、年复一年地进行着物质的周期循环，不需要补给什么东西，也没有多余的废物，其中的一切各有用途。生命就是在这川流不息的物质循环中得以进行。

“宇宙飞船经济”就是把这一生态学观念应用于人类社会的经济模式，要求人类按照生态学原理建造一个自给自足、不产生废物的，因而也是合理利用自然资源、不产生污染的经济或生产体系，它将是一种封闭式的经济体系，其内部具有极完善的物质循环和更新的性能。

“宇宙飞船经济”要求人类改变将自己看成自然界的征服者和占有者的态度，而是把人和自然环境视为有机联系的系统，即人—自然系统。

环保又健康的生态型农药

21 世纪的人类社会，农业文明已经发展到一个相当高的阶段。在防治病虫害方面，人类已开始探索由使用化学合成农药到无污染的生态型农药的过渡。

自 20 世纪 50 年代以来，化学合成农药一直占有主导地位，得到广泛的应用。但天长日久，人们逐渐发现化学合成农药的害大于利：1. 污染环境。由于农药的化学使用，容易使土壤板结、肥力减弱，更为严重的是会对人畜的饮用水源造成有毒污染。2. 破坏自然的生态系统，就是在消灭害虫的同时，往往也将各种以害虫为食的益虫和益鸟杀死了。“错杀无辜”容易致使害虫更加猖獗地繁殖。3. 害虫能够对长期使用的一种农药产生抗药性，并能把这种抗药性遗传给下一代，这样一代的抗药能力比一代强，杀虫剂的效力就显得越来越低。据资料表明，世界上已有几百种害虫具有高度的抗药性。4. 残留于农作物内的农药逐渐积累，人畜食用后极为有害，直接危害人畜的健康。为了改变这种情况，科学家们已开始研究制造高效、低毒、低残留的新一代农药——生态型农药。预计在不久的将来，生态型农药将在农业生产中大显身手，为提高农作物的产量和质量发挥巨大的作用。

科学家们正在研制利用昆虫激素来防治害虫的生态型农药。害虫对特定植物所散发出来的特殊气味具有异常地偏爱，只要一闻到它所喜欢的那种气味，就会纷纷向这种气味聚集，然后进行排卵。人类只要生产出这种诱虫剂，预先设计好灭虫罗网，就能使成群结队的害虫死无葬身之地。

另外，如果对正在成长的害虫施放一种“保幼激素”，就能利用害虫的生理特性而致使害虫死亡、灭绝。这种方法的杀虫效果将更为明显，对环境生态也不会造成污染。

科学家们还发现，仿造昆虫的特殊声音也能灭虫。任何一种昆虫都有听觉或特殊感受器，这些器官可以发出信号，传递求偶、受到威胁等信息。如果能够播放出模仿害虫的声音，便能达到驱赶和消灭害虫的目的。

美国得克萨斯州的一座“苍蝇工厂”的研究证明，经过钴辐射的雄蝇会丧失生殖能力，把这些雄蝇放到自然界去，就能使苍蝇自然灭种。

科学家们还在研制能使害虫丧失繁殖能力的化学不孕剂，用这种方法也能达到消灭害虫的目的。

相信以后随着生态型农药的种类越来越多，使用范围和收效也会越来越大，那时害虫将不再猖獗，农作物产量稳定增高，人们幸福地生活在不受害虫困扰的地球上。

人们对付噪声的奇思妙想

噪声让人听了会感到不舒服，如机器的轰鸣声、飞机的尖叫声、汽车的喇叭声等等。在物理学里，噪声的强弱通常用分贝来表示。噪声共分 7 个等级，从零开始，每增加 20 分贝，就增加一个等级。当噪声在 0 ~ 20 分贝时，我们感觉很静；20 ~ 40 分贝时，也是安静的；超过 45 分贝的声音就会干扰人的睡眠；80 分贝的噪声会使人感到吵闹、烦躁；超过 90 分贝，就会影响人的健康；100 分贝的噪声会影响人的听力；120 分贝的噪声可以使人暂时“耳聋”；在几米以内听到 140 分贝以上的噪声，会使人变成聋子，甚至可能会突然发生脑溢血，或者心脏停止跳动。

有人做过调查研究，长期生活在 60 分贝的噪声中，会使人感到心慌和厌倦，降低人的工作效率。长期生活在 85 ~ 90 分贝噪声下的人会患噪声病，出现头昏脑涨、睡眠多梦、全身乏力、食欲不好、记忆力减退等症状。一个噪声为 94 ~ 106 分贝的车间，有 4.5% 的人耳聋，38% 的人耳鸣，30% 的人失眠，36% 的人记忆力减退。所以说噪声也是一种污染。还有人把噪声比作杀人不见血的软刀子，这话绝不过分。由于工业生产的过于集中，致使交通拥挤，噪声源增多，噪声已经成了一种比较严重的公害。有的国家把噪声列为环境公害之首，想方设法加以消除。

一种立即见效的方法是控制噪声源。比如，在城市闹区，禁止各种车辆鸣高音喇叭，利用减振消声的办法使各种噪声源发出的噪声减至最小。但无论对噪声源怎样控制，城市内部仍要产生大量的噪声，这就得采用隔声方法了。现在各种高效能的隔音材料、设备正在研制中。有一种隔声夹层玻璃已被使用。通过这种玻璃，噪声可减少 27 分贝。安装上这样的玻璃，基本上可以避免室外噪声的干扰。在法国巴黎近郊有一条很热闹的街，汽车川流不息，昼夜不停，人们在街上相互交谈都很困难。后来，人们在车行道和人行道之间修建了有350米长、4米高的玻璃墙，收到了较好的隔声效果。

以往科学家为减少噪声对环境的污染，通常采用过滤吸收和屏蔽的方法。随着现代高新技术的飞速发展，消除噪声如今已成为环境学家最关注的新课题，而对噪声控制的研究，已发展成为一门新学科——噪声控制学。它作为一门边缘科学，涉及声学、建筑、材料、计算机等多种学科。现在，科学家采用高科技来防噪降噪，并由昔日的“被动”控噪，发展到今日的“主动”控噪。

在“主动”防噪、抗噪高技术的研究中，英国科学家率先取得新进展。噪声实际上是由空气振动产生的，科学家根据与噪声振动方向相反但强弱相同的声音会相互“吃掉”的原理，研制出“以噪制噪”的“主动噪声控制”新技术，其设备由一组声音探测器、信息处理器和声音合成器组成。当声音探测器“听到”噪声时，经信息处理器对噪声进行分析，由计算机控制“克隆”出相应的“反声”，指令声音合成器发出与噪声相应的“反声”的“协奏曲”，从而消除噪声，达到“闹中取静”的效果。目前，英、日、美、法等国在高级豪华的小轿车中已装备这个系统。美国还用此来消除空调器、抽风机、磁偏振成像系统、大功率冰箱等电器的噪声，以在小范围内取得“闹中取静”的效果。

科学家在对噪声“治标”的同时，还积极探索“治本”的途径，从以末端治理为主，逐步转到从噪声的源头开始控制，开始实施“清洁”生产。英国研制的一种“哑巴金属”铜锰合金，能“吃掉”由振动而产生的“噪声”，使潜水艇螺旋桨不会发出响声，声呐对此毫无作用。此外，还推出一种压电陶瓷制动器减少振动，消除噪声，并用于飞机发动机上。日本则用能消除振动、减少噪声的铅钢合金材料制造鼓风机，还将制动器、传感器的技术用到单层薄膜上作为声学墙布，安装在智能建筑物上，通过自身的主动振动来消除外来噪声。奥地利则研制多孔轮胎，用以吸收其与路面接触时产生的空气振动，以减少噪声，并用一种多孔沥青混凝土筑路，消除交通噪声。

美妙悦耳的音乐能令人心旷神怡。为此，日本科学家采用现代高科技，将令人心烦的噪声，变成美妙悦耳的“乐声”。他们研制出一种新型“音响设

备”，将家庭生活中的各种流水，如洗手、淘米、洗澡等生活废水的噪声变成悦耳的协奏曲，使家家户户的室内再也听不到嘈杂的流水噪声，取而代之的是溪流潺潺声、森林瑟瑟声、虫鸣声和海浪潮流声等大自然的音响。美国也研制出一种吸收大都市噪声为大自然“乐声”的合成器，将街市的嘈杂喧闹噪声变为大自然声响“协奏曲”。英国科学家还研制出一种像电吹风声响的“白噪声”，具有均匀覆盖其他外界噪声的功效，并由此生产出一种名为“宝宝催眠器”的“催曲术”产品，使婴幼儿自然酣睡。

由于噪声被认为是一种能量，如鼓风机的噪声达 140 分贝时，其噪声具有 1 千瓦的声功率。英国科学家据此设计出一种鼓膜式噪声接收器，将它与可以增大声能集聚能力的共鸣器连接，放在噪声污染区，其接收的噪声能量作用于声能交换器，就能将声能转变为电能利用。

而美国则利用高能量的噪声可以迫使烟灰相聚的原理，研制出一种 2 千瓦功率的除尘器，可发出声强 160 分贝、频率 2 千赫的噪声，将其装在一个很大壁厚的容器里，用于除尘，效果十分好，可以减少大气的污染。

噪声还可以用于农业上。由于植物受到定时定量的声音刺激后，气孔会张至最大，能吸收更多的二氧化碳和养分，使植物光合作用加快，可以加快植物的生长和提高产量。科学家对西红柿试验，经过 30 次的 100 分贝的噪声刺激后的西红柿，产量可以提高 2 倍，而且果实比以往大 30%，可达到增产目的。另外，不同的植物对不同的噪声的敏感程度不相同，科学家研制出一种噪声除草器，其发出的噪声能使草种子提前发芽，这样可以在作物生长之前，用药将草消灭，而达到除草目的。

共鸣现象

共鸣指的是物体因共振而发声的现象，如两个频率相同的音叉靠近，其中一个振动发声时，另一个也会发声。实际上，共鸣是共振的一种类型。共振是物理学上的一个运用频率非常高的专业术语。共振的定义是两个振动频率相同的物体，当一个发生振动时，引起另一个物体振动的现象。声学的共振现象就被称为共鸣。

共振现象是宇宙间最普遍和最频繁的自然现象之一，在某种程度上甚至可以这么说，是共振产生了宇宙和世间万物，没有共振就没有世界。共振现象在生产生活中也被广泛应用，乐器暂且不论，我们每天看的电视和收听的收音机就是根据共振原理而接收信号的。

决定人类生死的淡水资源

有一则科学小品说，假使一个人 7 天不吃饭，他不会死亡；假使这个人 7 天不饮水，那他一定会发生生命危险。由此可见，水对于人类的生存有着多么大的意义。水是维系整个生物系统生存的三大要素之一，是人和一切生命物质不可缺少的宝贵资源。

有关资料表明，如今世界上已有 19 个国家严重缺乏淡水资源，特别是撒哈拉大沙漠周围及中东地区的国家，水资源的开发已达极限，许多国家不得不大量地进口淡水。印度与孟加拉、印度与巴基斯坦、以色列与约旦、南非与安哥拉、叙利亚和伊拉克，这些国家间因争水而屡有纠纷发生。联合国粮农组织经过调查研究认为，再过几十年，全球淡水资源会供小于求，由淡水资源紧缺而引发的种种危机将随之而来。

人类早已认识到淡水资源危机的严重性，并已致力于开发淡水资源的科研课题。

有人提出，把地球上的雪山和冰川变为可供人类利用的淡水资源。地球上的冰川与雪山储水量约 24064 万立方米，占淡水储量的 68.7%。如果能够把巨大的南极冰山用原子能动力船拖到沙漠地带，如果能够把北冰洋上的浮冰运到 19 个水资源严重缺乏的国家和地区，人类将受益无穷。

海水淡化是开发淡水资源的另一条重要途径。经过几十年的科学研究，科学家们已经研制出了几十种海水淡化方法，比如蒸馏法、冰冻法、反渗透法和电渗析法，得到了广泛应用。其中电渗析法不但能使海水淡化，在工业废水净化和碱回收方面也能发挥巨大的有效作用。

总的来说，全球性的淡水资源危机是现实的，开发淡水资源的前途又是乐观的。人类一定能够妥善地解决关系到自身生死存亡的水资源问题。

净化环境的草坪与立体花园

草坪又被人们称为草皮。它对于人类生存环境有着美化、维护和改善的良好作用，同时，绿草茵茵的草坪也具有较高的观赏价值和实用价值。

我国研究利用草坪有着悠久的历史。早在春秋时期，《诗经》中就有对草地描述的佳句。公元前187～前157年，张骞出使西域，就带回一定数量的草坪草。那时的草坪只是宫庭园林中的小块草地。而到公元500年左右，人们开始注意各种庭园中的绿色草地——草坪。13世纪，草坪跨出庭园的园墙，进入户外的运动场，娱乐、游玩和栖息地。18世纪，英国、德国、法国等国家先后都建立和普及了草坪。

草　坪

草坪草都来源于天然牧场，从最初的庭园绿化到目前的运动场、娱乐地等，它广泛地应用于各种场所，渗入到人类的生活，成为现代社会文明不可分割的组成部分。于是对草坪草的研究成为一门新兴的学科。

人们通过研究表明，草坪能净化空气，消除病菌。一公顷草坪地，每昼夜能释放氧气600千克。它具有很强的杀菌能力，一些有毒空气被草坪吸收后，可以陆续地转化为正常的代谢物。草坪草密集交错，叶片上有很多绒毛和黏性分泌物，就像吸尘器一样，吸附着漂流粉尘和其他金属微粒物。绿色的草坪是一个既经济又理想的“净化器”，它可以把流经草坪的污水净化得清澈见底。

草坪固土护坡，防止水土流失，对保护环境有着极其重要的意义。草坪就像绿色的地毯，其根部在土壤中纵横交错纺织着一幅网状图案，与土壤紧密地结合着，既能疏松土壤，又能防止土壤流失。绿色的草坪以其具备的吸热和蒸腾水分的作用，可以产生降温增温的效力，从而调节小气候。草坪是消除和减弱城市噪声污染的最好武器，也是十分廉价的除音设备。

随着城市高层建筑的兴起，绿化面积缩小了，人们休憩、活动的场所少了，生态平衡也受到了一定的影响。在这严峻的现实面前，国内外一些建筑设计大师，提出了空间绿化的设想，并积极而大胆地尝试和实施。

早在1959年，美国的一位风景建筑师在一座六层楼的楼顶上，建造了一个风景绮丽、别具一格的空中花园，为城市空间绿化创造了良好的开端。

在人口稠密的日本，近些年设计的楼房，除显著加大了阳台，提供了绿化的方便条件外，还把高层的屋顶做成“开放式”，使整个空间连成一片，居民们可根据不同的爱好种草栽花，从而使大片的屋顶草碧花繁。

德国建成的阶梯式或金字塔形住宅群，利用阳台布置起一个个精美的微型花园，远看如半壁花山，近观似斑斓峡谷，俯视又若一片花海，美不胜收。

1977年，加拿大一座18层办公大楼，采用轻型多孔材料并配以土壤，建成了一个包括有假山、瀑布、水池、草坪、花坛、树群在内的盆景式空中花园，使观光者赞不绝口。

我国的一些大城市，近年来也相继作了空间绿化的尝试。如广州东方宾馆，在十一层楼的天台上精心建造了具有中国园林特色的屋顶花园，桥水相连，花木争妍。

城市向空间绿化，弥补了失去的绿化面积，点缀了市容，同时对保护环境，丰富现代生活，保障人群健康起到不容忽视的积极作用。实践证明，屋顶绿化的建筑设计不仅投资少，而且结构简单，施工容易，综合效益良好，值得重视和推广。空中花园的底层和防水层与一般平顶构造相同，但它不需要一般平顶的隔热层和保温层。

城市和家中的“清洁员”

城市是人类政治、经济、文化的中心，人烟稠密、工业交通发达，环境污染较为严重。为了保护人们的健康，必须进行环境保护。城市园林绿化是城市的“清洁员”。

工业城市空气中的二氧化碳增加，氧气减少。多种植树木可以吸收二氧化碳，放出氧气。女贞树吸收氯气较多，樟树吸氟，夹竹桃吸收二氧化硫。所以，园林绿化是空气的“净化器”。

人们长期处在灰尘污染的环境里，易患气管炎、尘肺，树木有明显的阻挡和过滤灰尘的作用。所以，园林绿化又是天然的“吸尘器”。

园林绿化

有些植物能分泌挥发性物质。如桉油、肉桂油、柠檬油，这些物质有消灭细菌的作用。有人估计，百货商店空气每立方米含菌量达 400 万个，林荫道为 58 万个，公园为 1000 个，百货商店与公园的空气含菌量相差 4000 倍。可见，园林植物是良好的“杀菌剂”。

城市居民每时每刻都受着各种噪声的干扰，对人体健康危害很大。人们试验用各种方法减弱和隔绝噪声，其中用绿化来减低噪声，是一种较为有效的方法。据测试树木能减弱噪声，其原因是声音投到树叶上后又反向到各方面，噪声波造成树叶微振也能使噪声减弱，而厚大且有绒毛的叶片减噪效果最好。在街道、工厂旁、学校里种植树木是减低噪声的一种措施。所以，园林绿化还是有效的“隔音板”。

美国对城市规划规定，城市绿地面积（包括公园）平均每人为 40 平方米；莫斯科的绿地面积占城市总面积的 40%；英国平均每人为 24 平方米，住宅区为 9 平方米；日本将工厂从城市迁往郊区，腾出土地种植树木花草；丹麦哥本哈根兴建森林住宅，市民开窗见绿，空气清新，心情舒畅；保加利亚索菲亚市区的大楼墙面上，爬满了青藤绿蔓，使被誉为凝固的音乐建筑物，富有流动的色彩美。近年来，我国广州、北京、上海等城市也见缝插绿，进行了垂直绿化，使城市枯燥单调的建筑物富有生机和活力。

仙人掌则被称为家中的“清洁员”。仙人掌原生长在美洲、非洲的沙漠和半沙漠地区，炎热而干旱的环境使它改变了自身的结构和生活方式：它的茎变得肉质多浆，贮藏着大量的水分；它的叶缩小成针刺，以减少水分蒸发。这样一来，即使在极度干旱的条件下，仙人掌也能继续生长。在“仙人掌之国”墨西哥，仙人掌的寿命很长，有的重达几吨，旅行者口渴时

仙人掌

可将仙人掌劈开，挖食柔嫩多汁的茎肉，以解饥渴。由此，仙人掌被冠以“沙漠中的甘泉”的美名。

然而，仙人掌的作用不仅仅如此。花卉专家发现，在室内养花多，夜间会污染空气，但是在室内养仙人掌，却可使室内空气中负氧离子增加，空气特别新鲜，有益于人体健康。那么，为什么在室内种植仙人掌会使空气中负氧离子增加呢？这是因为仙人掌为适应沙漠地区干热的气候，白天将气孔关闭，以免水分蒸发掉；夜间则打开气孔，吸收二氧化碳，呼出氧气。所以，在居室中摆设花卉，如能搭配几盆仙人掌，对于改善居室空气质量，是大有益处的。

除此之外，仙人掌还有其他许多好处。譬如，川西大渡河一带生长的一种名叫“仙桃”的仙人掌，果实又香又甜，既可生吃，又能熬糖，茎肉还是很好的牲畜饲料。仙人掌还用作药材：将鲜仙人掌去刺捣烂，可敷治腮腺炎、乳腺炎和疖疮痈肿；捣汁外搽，可治火烫创伤；煎服可治胃痛、急性菌痢。在一块新鲜的仙人掌一端砍几条口子，稍加揉压，放在水中搅两三分钟，当水里出现凝聚物时，再静止5分钟，水里的杂质就可沉淀下来，细菌沉淀率可达80%以上，效果胜明矾一筹。野外作业，带上几块仙人掌，只要保存不干，在15～20天内仍有净水效果。

负氧离子与新陈代谢

负氧离子是复苏生命、促进新陈代谢必不可少的要素。科学家研究发现，氧离子的质和量直接影响人体的代谢功能。如在血液中，生物体离子和体内的矿物质（钠、钙、钾）有着密切的关系，当负氧离子增加时，以细胞膜为

首的所有细胞的功能会明显转佳，血液中的钙、钠的离子化率便会上升，使血液成为弱碱化，有利于营养物质的充分吸收和老化废物的完全排除，从而使血液得到最好的净化。

人体内的负氧离子数量会随着空气质量的不同而时刻改变。在烟雾缭绕的办公室，在沉闷抑郁的空调室，在汽车尾气污染严重的大街上，人体内的负氧离子数量会急剧降低，从而极大地影响人体的新陈代谢和健康。

细菌成为治污的功臣

煤会放出二氧化硫，它是形成酸雨的重要因素。在一次偶然的工作中，美国空军发现有一种细菌会吃掉燃料油中的硫。后来人们就利用细菌的这一功能，来消除煤和石油中的硫，减少它们在燃烧中产生的大气污染。

会吃硫的细菌是一种嗜热菌的微生物，它广泛生存于土壤、水和岩石中。嗜热菌不怕热，即使在温泉，甚至在刚刚燃烧过的煤渣中，都能繁殖生长。硫铁矿里的硫，在25℃～60℃之间的温度都能被这些细菌所氧化，除硫效率高达93%。用细菌除硫的费用只有通常化学脱硫和烟道气脱硫费用的40%～70%。

除了某些细菌能吃硫外，另外一些细菌还能吃石油。前苏联的科学家就培养了一种能吃石油的细菌，它吞噬石油的速度很快，并能在－50℃～70℃温度范围内进行工作，所以他们用这种细菌在极寒冷的西伯利亚消除被石油污染的地区。经试验发现将这种吃油细菌投放在每平方米渗透10千克石油的土地上，不到两个半月，就能将石油吃完，使这块土地上重新长出青青的野草。

德国也用这种吃油的细菌来净化被石油污染的土地。例如，一个加油站附近的某块土地被柴油和其他含油废液污染相当严重，这些废液已渗透到地下7米深处，严重威胁地下水的清洁。为此，他们在这块土地上打下8根钢管，把在营养液中繁殖起来的吃油细菌注入地下，让钻入地下的细菌吞食石油。为了使细菌正常工作，人们还通过钢管给细菌输送氧气。这种用细菌消除石油污染的方法既省钱，又不影响原来企业的工作。

这种细菌除了吞噬陆上石油外，还能吞噬海上漂浮的石油，因而为净化海上环境污染开辟了一条新的途径。

积极保护物种的多样性

人类已经认识到生物物种的减少，将导致地球生态失衡，最终危及人类自身的生存。所以，人为地、有意识地保护和拯救生物物种势在必行。

自从英国科学家克隆小绵羊“多利”成功以来，有人就一直把拯救濒临灭绝的珍贵物种的希望寄托在克隆技术上。然而，物种的进化需要基因多样性，克隆出来的物种，只是母体的翻版，它的基因序列与母体完全相同，不具有多样性。所以，尽管克隆技术能够有效增加物种的数量，但通过克隆来保护、拯救生物物种的道路是行不通的。

保护地球生物多样性通常采取离体保护、移徙保护、就地保护和合理管理保护等几种手段。

离体保护就是将动物的精液，植物的种子、根、茎、花粉、组织等从活的生物体上取出来，长期保存起来，以备将来繁殖时用。“种子银行”便是这种保护模式。

植物种子内部包含着该种植物的全部遗传基因，能把植物自己的特性全部传给后代。生物所含有的基因非常多，并且不同种的生物所含的基因不同。所以，种子收集的越多，拥有植物遗传基因的数量也越大，也就越能改良植物的品种和培养出优良的符合人们需要的新品种。

种子在“银行”里的低温下，经过一段时间的储存后，再进行播种，再把收获的种子储存起来。如此下去，不断地更新储存种子。科学家们认为，“种子银行”的建立，可能比世界上任何一家银行的价值都高和更有意义。人们不仅收集储存植物的种子，还把生物各种能够用来繁殖的细胞，例如植物的花粉、动物精子和卵以及器官等都加以收集和储存。

日本开设的一家“花粉银行”，专门收集国内外优良果树品种的花粉，然后通过人工授精技术，达到改良品种、提高质量、增加单株产量的目的。日本还打算建立一家作为专利微生物、重组基因和动植物细胞保存中心的“生物资源银行”。

移徙保护就是将野生生物从野外原生地移到动物园、植物园、水族馆、树木园等场所，实行人工种植、养殖。

就地保护是把野生动植物和它们生存的环境一块儿保护起来。如建立自然保护区、国家公园、禁伐区、禁猎区、国有森林、自然生物区等，通过保护各种生态系统的途径来保护野生生物。

合理管理保护就是对某一个地区、一个国家以至全球的水资源、土地资源、森林资源等生态资源进行周密地规划、分配和监测，合理利用，避免过度开发，从而达到在更大的范围内保护生物多样性的目的。

显然，离体保护、移徙保护和就地保护的范围和数量都非常有限，只有合理管理保护才能使较多的生物物种受到保护。

物种保护是人类生存意识的觉悟，也是维护自身生存发展利益的行动，需要全世界各国人民、政府、团体、组织协调一致地不懈努力。我们应当从爱护花草树木、鸟兽虫鱼等日常小事做起，为物种保护做贡献。

克隆技术

克隆技术是一种通过生物体的体细胞进行的无性繁殖技术。科学家先将含有遗传物质的供体细胞的核移植到去除了细胞核的卵细胞中，利用微电流刺激等使两者融合为一体，然后促使这一新细胞分裂繁殖发育成胚胎，当胚胎发育到一定程度后，再被植入动物子宫中使动物怀孕，便可产下与提供细胞核者基因相同的动物。这一过程中如果对供体细胞进行基因改造，那么无性繁殖的动物后代基因就会发生相同的变化。目前，已经有克隆鼠、克隆羊、克隆猪、克隆牛等多种克隆生物出现。

防治白色污染势在必行

白色污染其实就是塑料污染。日常生活中的塑料包装物和一次性塑料制品以白色居多，由于塑料具有不易分解性，人们使用后的塑料制品，尤其是塑料袋、地膜等就对环境造成了严重污染。

地膜覆盖技术深受农民欢迎，因为它可以提高农作物产量。可是使用后

触目惊心的白色污染

的残破地膜，不易清理，又经年不烂，容易改变土壤的分子结构。如果有牲畜误食到肚里，既不能消化又不易排泄，最终会导致牲畜生病或死亡。

海洋里的塑料污染破坏性更大。全球每年被扔到海洋里的饮料瓶、废渔网、包装袋等塑料制品达几十万吨。每年遭废弃渔网缠死的海洋哺乳动物超过10万头，误食废塑料致死的海鸟每年超过200万只，据说有人解剖北大西洋、地中海的鱼，发现鱼胃肠里塑料占30%。由此可见白色污染对于海洋生态的破坏之大了。所以，防治白色污染已经是势在必行了。

对付白色污染的根本出路在于开发分解性塑料。世界许多发达国家都在这方面的研究中取得一定成绩。如日本研制出的可降解的无毒塑料纤维线新型渔网，美国推出的可降解塑料包装袋，意大利诺瓦蒙特公司研制出的一种可降解圆珠笔，丹麦研制出的可降解塑料防火器材等。这些高科技新型塑料制品的共同特点是：易于在短期内被微生物降解，本身无毒，分解后的产物不会污染环境。

生物降解

生物降解是指微生物把有机物质转化成为简单无机物的现象。自然界中各种生物的排泄物及死体都可经微生物的分解作用转化为简单无机物。微生物还可降解人工合成有机化合物。如通过氧化作用，把艾氏剂转化为狄氏剂；通过还原作用，把含硝基的除虫剂还原为胺；芳香基的环裂现象也是微生物降解作用常见的一种反应。

微生物降解作用使得生命元素的循环往复成为可能，使各种复杂的有机化合物得到降解，从而保持生态系统的良性循环。

石油污染海洋的指示员

常言道，“条条江河归大海”，陆地上的各种污染物可通过多种途径进入海洋。人类所产生的废物不论是扩散到大气中，还是丢弃于陆地上，或是排放在江河里，由于风吹、降雨和江河径流，最后多半进入海洋而成为海洋污染物。长期以来，人类也直接、间接地把海洋作为处理废弃物的场所，使海洋成为一切污物的“垃圾桶”。

海洋污染使海洋生物赖以生存的生态环境日趋恶化，致使许多海洋生物的生长和繁衍受到损害，不少海域的海洋生物已濒临绝迹，有的海洋生物已经灭绝，使海洋生态系统向着简单化方向退化。例如，俄罗斯的亚速海原是鱼类产卵的好场所，而今因饵料生物严重污染，鱼类已完全灭绝。再如我国渤海、黄海的胶州湾潮间带，1963～1964 年时，海洋生物有 171 种；1974～1975 年，降到只有 30 种；20 世纪 80 年代进一步降到只有 17 种了。20 年内竟有 154 种生物灭绝或消失。

海　洋

由于近海海水水质和底质的污染，改变了鱼、虾、贝类等的生活环境，造成了渔场外移，滩涂荒废。1962 年，东京内湾因“赤潮”而使渔场报废，损失达 700 多万美元。

海洋的污染物通过食物链在海洋生物体内蓄积，最终移祸于人类。美国因沿海海水中含有氰化物、酚、砷、汞、镉等总量为 160 万居里的放射性物质，使面积为 49 万公顷海滩上的贝类不能食用。在海面上随水漂流的石油层，最后将向海岸侵袭形成所谓的“黑潮”，使成千上万的海鸟被毒死。如在纽芬兰地区，两年中因此而损失的企鹅就有 25 万只。海洋的污染也使海盐遭到污染，某些重金属等污染物必然会以“杂质”形式混入食盐。而海盐占世界食盐总产量的1/3，长期食用受污染的海盐，必然会对人类健康造成损害。因此，要保护好海洋环境。

生物对我们保护海洋环境还有很大的益处呢！随着石油工业的迅速发展，海上石油污染日趋严重。据调查，每年从陆地和海上作业中排入大海的石油有200万~2000万吨，其中油船漏油40万吨，每年造成的经济损失达5亿美元。石油对鸟类是致命的，海上的油膜会杀死大片浮游生物。

海　燕

但是，世界海洋辽阔广大，以致许多被石油污染了的海域难于被发现。最近，美国华盛顿大学生物学家发现，预兆风暴的海燕能帮助人们寻找被石油污染了的海域。

石油中含有微量的有毒金属及能长期存在的非芳烃碳氢化合物，这对于利用海燕来寻找被石油污染的海域，污染的程度如何，污染的扩散情况等是很有用的。海燕的觅食范围很广，在寻找食物时，它们会不断地尝试海洋表面的海水，而海燕又有一遭受攻击就马上呕吐的习性。生物学家捕捉海燕，用气相层析法分析海燕的呕吐物。根据呕吐物中石油非芳烃碳氢化合物含量的多少，呕吐物中有石油污染物的海燕只数的多少及海燕捕食范围的判定，就可以找到被石油污染了的海域。生物学家已在阿拉斯加州的巴伦岛附近的海上油田做了许多试验，结果表明这一方法是成功的，既省时又省钱。当然，生物学家捕获海燕取得呕吐物之后，又将其放生，以保护这一有益的鸟类资源。

赤　潮

赤潮，被喻为“红色幽灵”，是海洋生态系统中的一种异常现象。它是由海藻家族中的赤潮藻在特定环境条件下爆发性地增殖造成的。根据引发赤潮

的生物种类和数量的不同，海水有时也呈现黄、绿、褐色等不同颜色。赤潮发生的相关因素很多，但其中一个极其重要的因素是海洋污染。大量含有各种含氮有机物的废污水排入海水中，促使海水富营养化，这是赤潮藻类能够大量繁殖的重要物质基础。

赤潮发生后，除海水变色外，同时海水的pH值也会升高，黏稠度增加，非赤潮藻类的浮游生物会死亡、衰减，赤潮藻也因爆发性增殖、过度聚集而大量死亡。目前，世界上已有30多个国家和地区不同程度地受到过赤潮的危害，日本是受害最严重的国家之一。

垃圾的危害及无害化处理

城市垃圾是城市居民日常生活的副产品。随着城市化进程的加快和经济的发展，城市居民生活水平稳步提高，促使城市垃圾抛弃量迅速增长，垃圾质量明显变化。城市垃圾的卫生消纳和综合治理矛盾日益尖锐化，成为影响城市整体功能正常发挥和城市居民生活、劳动环境的突出因素。

生活垃圾的产量，各城市不同，其数量和性质与生活水平、使用燃料、工商业、交通及季节等情况有关。我国现在每人每日平均产生垃圾约为0.8～1.0千克；国外如英国为1.0千克，法国为0.8千克，美国达到2.2千克，相差较大。北京每天产生垃圾4000～6000吨，上海有4500～7000吨，积集起来相当于每天产生一座小山。这是个严重问题。如以4吨卡车来拉运，仅北京和上海两地将有3000多辆次用于垃圾运输，全国近353个城市将消耗多大的能源！可见城市垃圾是个重大问题。

垃圾不仅是数量大，又是有极大危害和含有多种有用物质的废物，这可以从垃圾的成分和性质上看到。垃圾分为有机物（主要是厨房中废弃动植食物），无机物（包括灰渣、砖石、灰土），废物（包括纸、纤维类、塑料、金属、木料、玻璃等）三大类。

这些复杂的废物污染环境，有害卫生。生活垃圾中含有大量有机可腐物质及其他有害物质，容易发酵腐化，产生恶臭，招引鼠鸟，滋生蚊蝇及其他害虫，而风吹、日晒、雨淋令纸尘飞扬、臭气四溢，污染大气，严重影响附近地带的环境卫生。由于大部分垃圾为露天堆放，管理不善，腐化

后有渗沥水流出，污染农田，直接影响人们健康。垃圾对市容观瞻也有极大影响。

总之，从垃圾的危害来看，必须采取有效措施，适宜地进行消纳和处理。

据美国环境质量委员会提供的报告，仅1968年一年中，美国就向海底倾倒大约4800万吨的各种废物。美国国防部曾把53000吨武器装备沉入海底，这不能不引起人们的不安。

随着工业的飞速发展，各种产品的大量增加，垃圾的数量也随之增加。垃圾出路何在？环保专家大胆提出，送入海底，同时必须防止污染海洋。地质学家认为，地球板块在洋底的海沟处是俯冲深入到地球内部的。环保专家便设想，把垃圾，尤其是放射性废物，送入海沟，让它们随着板块的俯冲而消融在地球内部，从而完美地解决垃圾的危害。当然，这一愿望的实现，还是等解开海沟这个谜后才有可能。

那么，目前人们对工业垃圾，尤其是危害极大的核垃圾又做何处理呢？根据对核垃圾残留放射性的估算，要使核垃圾的放射性蜕变达到不致造成危害的程度（即99.9%的蜕变为稳定元素），大约需1万年之久，这就要选择一个与生物圈隔绝的场所，也就是海底，把核垃圾埋藏起来。

世界经济合作与开发组织专门成立了一个国际海底工作组，负责这一工作。其选定没有地震及火山活动、沉积物丰富而且连续无重要矿产资源的海底平原作为核垃圾的贮存场所。他们用钻探船在厚层沉积物海底先钻一个垂直钻孔，然后把核垃圾经一定处理后装进坚固的金属罐内，再把若干个金属罐依次放入钻孔，各金属罐又用黏土隔开一段距离，最后用黏土沉积物封口。另外，可将金属罐排入海水中，让它自由降落，使之沉入20~30米厚的沉积物中。经这样处理后，即使三五百年之后，金属罐受海水腐蚀而破碎，也可以防止放射性污染扩散得太快太远，起到与生物圈隔绝的作用，因为周围的沉积物对放射性核素有着强烈的吸附作用。据测算，每颗沉积物微粒能吸附1000个核素原子。

迄今为止，人类向太空发射的各种航天器已超过4000枚。这些航天器的遗弃物，爆炸解体后留下的碎片，那些没有利用价值被丢弃在宇宙空间的卫星，还有各种天体爆炸的残留物等就构成了太空垃圾。太空垃圾与人类发射的正在运转的航天器一旦发生碰撞，轻则伤损，重则毁灭。这种例子屡见

不鲜。

俄罗斯卫星“宇宙1275”与太空垃圾相撞后毁灭。

美国发射的一些小绳系卫星被太空碎片切断以致丢失。

1983年，一块仅有0.2毫米厚的涂料碎片，将美国“挑战者”号航天飞机机窗玻璃撞碎。“挑战者”号被迫返回地面重新维修，损失巨大。

1991年11月，一具苏联火箭残骸险些使美国“阿特兰蒂”号航天飞机在太空中机毁人亡。

1996年7月底，一块公文包大小的太空垃圾，将法国“樱桃”号军事卫星的稳定臂拦腰折断，致使该卫星在轨道上倾斜。

据科学家们观测，在环绕地球的太空垃圾带中，比棒球大的物体约有9500个，稍小一些的碎片有10万块以上，直径不到1厘米的微小物体估计有350万个，它们当中的任何一块都足以对人类发射的航天器造成巨大威胁。因为这些太空垃圾与航天器的运行速度都非常高，不管体积大小，一旦发生相撞，后果都不堪设想。

从事航天活动比较频繁的国家早已注意到太空垃圾的危害性，并采取了许多措施以减少制造新的太空垃圾，如避免产生新残骸。同时积极研究制造太空垃圾清除器，美国已研制出了“太空自动处理轨道碎片系统”的机器人，主要用于回收较大的太空碎片，美国休斯敦约翰逊太空中心的一位名叫佩特罗的工程师，发明了一种风车式轨道碎片清除器，专门清除太空中较小的碎片。日本太空署计划发射“超级吸尘器”，它能自动测定垃圾碎片的种类、数量和位置，能跟踪“吸尘”。

人类自身不合理的各种活动对地球环境已经造成严重污染，为此而遭到了应有的惩罚。因此应该从中吸取教训，在对太空领域涉足不深之前，就应致力于防治太空垃圾对宇宙的污染，积极保护宇宙环境。

巧用海洋遏止“温室效应”

1987年，南极冰海一座相当于2个罗德岛的巨大冰山崩裂溅入大海；1988年8月，非洲西海岸形成的“吉尔伯特”号飓风时速高达200英里，为西半球所遭遇的破坏力最大的飓风；同年美国之夏，创造了有史以来的气温

最高纪录，以火炉著称的弗尼斯克里克和加利福尼亚在8月1日的气温高达46.7℃。可怕的温室效应正向人类袭来，其后果很可能就像一位著名气象学家所预言的那样：假如温室效应得不到有效地遏制，那么整个现代文明有可能在500年内被毁灭殆尽。

科学家们提出了种种策略，其中颇具魅力的是巧用海洋术。这是因为海洋具有“一大二强”的优势，所谓“大”指的是占地球表面积的70.8%；“强”指的是吸热能力高，例如每立方厘米海水降低1℃就要放出使3000立方厘米空气升高1℃的热量。按此计算，全球100米厚的表层海水降低1℃足以使全球气温升高60%，说明海水的热容量之大。据此，科学家们提出了利用海洋对付温室效应的“三招”。

“大反射镜”可谓一招。这是美国科学家率先提出的。该方案的核心是将一种洗涤剂散布于海面，使之变成一面强大的反射紫外线及太阳能的大镜子。用来充当海洋“镜面”的洗涤剂必须具有黏着力强、表面活性高、不易与其他物质发生化学反应、污染性小等优点。当这种特异洗涤剂放入海洋后，便会迅速向海面蔓延而形成一条几百米宽、几千千米长的白色浪花薄膜，我们不妨称之白色泡沫通道。据称这种泡沫通道足可反射80%的太阳能，而且泡沫镜面一般“寿长”达几个月，特别是当泡沫消失后，其产生的反射膜仍然不散，因此当有轮船通过时，继续形成具有反射能力强的白色泡沫浪花。这种“反光镜面”威力如何？据估计，如果整个洋面只要有5%～10%被海船行驶时所激起的泡沫浪花所覆盖，其作为反射太阳能的镜面就足以抵消掉因CO_2的增加而导致的温室效应。

日本科学家则另有新招，他们试图将CO_2送入海底封存起来。这并非奇思异想，其道理就在于CO_2气体在300个大气压（30兆帕）条件下的比重大于海水，尤其是当海水温度在0℃～－10℃之间时能够与海水密切起来，并生成一种酷似冰糕状的笼形包合物，当然就难以在海洋中自由自在地扩散了。这种方法也不复杂，通常只要将工厂排放的CO_2气体回收并液化，然后安装一组海洋输送管道，将上述液化CO_2压入海水深达3000米的海底，当海底温度为0℃以下时，CO_2气体便可立即在海底形成牢固的笼形包合物，于是CO_2便在这里安家落户，十分安全。只要不发生强烈地震等产生强大的动力，CO_2是难逃海底而窜入大气层的。日本科学家已着手实验生成人工的笼形

包合物，对在500个大气压下所形成笼形包合物的全过程已了如指掌。日本文部省还将海底封存CO_2新技术作为“能源重点领域研究”大课题的一大主题。看来，研究者决心以最快的速度使这一技术实用化，为控制温室效应做出贡献。

最引人注目的一招莫过于向海洋施加铁质肥料，培养海洋藻类生物，用以消耗大气中过量的CO_2气体。美国加利福尼亚外摩斯兰汀海洋实验室的海洋地理学家约翰·马丁博士拟定在南极洲的广大海域付诸实施。马丁博士等研究发现，海藻同所有其他植物一样，都需要铁元素参与才能正常制造叶绿素，但问题是南极洲远离含铁量丰富的陆地，藻类因缺铁而无法繁殖生长。为了进一步证实这一结论，马丁博士专门收集了若干瓶南极海水，并以正常含铁海水作为对照，种植海藻种时分别在各南极海水瓶中加入不同剂量的铁质，结果凡加入足量铁质的瓶内海藻无一例外地旺盛生长，仅数天内其产生的叶绿素含量就猛增10倍之多。迄今，马丁博士一方面准备在南极陆缘海域洋面上人工设置若干人造浮体，种植几百万平方千米的海藻，同时补施铁质肥料；另一方面广泛争取国际间的合作，试图在全部南极洋上普施一次足量的铁质肥料，用以促进海藻的大量繁殖。环境学家们普遍认为，如果这一方案充分实施，无疑将缓解温室效应的危害。

人类过去离不开海洋，现在乃至将来，人类永远需要海洋。但愿海洋在遏制温室效应的斗争中再创佳绩。

水质污染的生物监测员

在自然界，几乎所有的鱼类和水中软体动物，对水体环境的变化，都能做出相应的行为反应。如今，它们的这种“特异功能”，逐渐为环保科学家所利用，成为监测水质生物监测员。

水质勘测员

说鱼也会“咳嗽”，许多人一定十分惊奇。其实，生活在水中的绝大多数鱼儿与人类一样，在受到外界环境的不良刺激时也会“咳嗽”起来。不过，鱼儿“咳嗽”一般来说并不是由于伤风感冒，而是它们正常换气周期的停顿。

通过“咳嗽”，鱼儿可以清洗掉积聚在自己腮耙表面的污泥杂质，以保持面部清洁卫生，就像人们每天都要洗脸一样。因此，鱼类学家将这一现象称之为“净腮”动作。

科学家们近来发现，鱼类的“咳嗽”次数与水体的污染程度有关。当水中的污染物，如金属、农药、工业废油和废水等超过一定的含量时，鱼儿就会“咳嗽”，而且，随着污染物浓度的增加，鱼儿的“咳嗽”次数也成正比例上升。例如，大西洋幼鲑在清洁的水域里，显得优哉游哉，可是，一旦它游入含有较高浓度的金属铜或锌等污染的水体中，便会立即“咳嗽”不止。因此，鱼类的“咳嗽反应”已成为生物监测水体污染的又一新的标志。科学家们现已利用鱼口一张一闭的肌肉活动所产生的微弱电场，通过高灵敏度的电极与计算机相连的放大器，成功地绘制出上百种鱼儿“咳嗽”频率与水体污染程度的关系曲线。根据鱼的“咳嗽”状态和查阅分析“关系曲线”，便可随时掌握水质污染的情况。英国泰晤士河上的“水监站”，就是选用鲑鱼来“担任”水质监测员工作的。十几年来，科学家一直是根据这些忠实可靠的“水监员”报告的水质情况资料，来防治河水污染的。

污水监测器

牡蛎是一种海洋软体动物，有左右两片贝壳，一面大而隆起，另一面小而平整，以附贴于岩礁或其他物体上生活。牡蛎肉味鲜美，富含糖原及维生素，是人们喜爱的海鲜食品。每只牡蛎每天都利用自己的身体组织过滤大量的海水，从而吸收海水里的藻类食物。当它感到水质污染达到危险程度时，便会自动关上两片体壳。舒尔顿和他的助手就利用牡蛎的这种自然反应，设计了一套水质污染监测装置。他们在牡蛎的两片壳上装上监测器，用导线把监测器连到电脑上去，

牡　蛎

电脑预设了程序，每当牡蛎壳自动合上，就会发出警报，显示水质有问题。接着，他们提取牡蛎样品，分析其组织里积聚的化学物质，从而进一步监测水质污染的程度。

现在，这套“牡蛎污水监测器”已开始批量生产，每套售价为1.25万美元。尽管价格不菲，但荷兰、英国和美国的环保机构纷纷引进，将其应用于自来水公司和养鱼场水质的早期预报，以及用来对于排出工业废料的企业在意外污染了海水时，能快些作出反应，以便及时采取有效的对策。

水质检测员

几年来，法国的一些自来水公司大胆启用鳟鱼充当水质“监测员”。据了解，其预报水质污染的准确性并不亚于超微量化学分析仪。

鳟鱼和大多数硬骨鱼类一样，有发达的嗅囊，其内表面的上皮细胞具有嗅觉功能。嗅细胞的神经纤维到达嗅球，与嗅球中的神经细胞的树状突相联系。当嗅觉组织受到某些化学污染物刺激时，嗅球的电子活性就会发生变化，人们根据这种电信号，便可直接探测饮用水中某些化学污染物。

鳟　鱼

而非洲尼日利亚的狗鱼，不但有着灵敏的嗅觉，能辨别出混杂在饮用水中的极微量的有害物质，而且，它那条敏感的长尾巴，能自由自在地在水中游来荡去，并具有放射电脉冲的功能。当人们通过相同间歇时间放进新鲜活水去检验水质时，狗鱼就会根据嗅到的水质污染的程度不同，而发出不同频率的电脉冲，通过专用放大器的作用，会产生一种听得见的噼啪响声。当声音的频率为400～800赫兹时，表明水质清洁，符合饮用卫生标准；当频率下降到200赫兹甚至更低时，表明水中污染物含量过高，不宜饮用，这时供水站信号盘上发出预防性警报，提醒工作人员采取紧急措施。

在德国，担此重任的却是会发电的象鼻鱼。环保科学家根据象鼻鱼在不同污染程度的水中发出的电脉冲大小不同的特点来监测水质，十分灵验。最近，他们又开始在下水道的污水里放养鲱鱼，不仅能吃掉下水道、阴沟里的蚊子幼虫和其他微生物，还能起到“净化器”的作用，消除地下污水那难闻的气味。

世界正行进在环保之路上

SHIJIE ZHENG XINGJIN ZAI HUANBAO ZHI LUSHANG

现在，尽管人们已经意识到了环境污染的危害，并采取了一系列的治理措施，但是治理污染只是一种无奈的选择，因为污染，才去治理。人们必须寻求一条和谐发展之路，让经济发展、人类社会的进步不再以污染环境为代价。在这种背景下，人们提出了可持续发展的概念，以在发展中保护环境的模式代替先污染再治理的恶性循环。为了我们在宇宙中居住的唯一家园，全人类第一次不分彼此，正行进在环保之路上。《人类环境宣言》的发表，清洁能源的开发，环保法规的颁布，无不是以保护环境为目的的。

作为社会的一员，我们应该积极参与到环保的行为中来。每人节约一滴水，汇起来就会成为一条大河；每人节约一度电，汇起来就相当于几座发电站的发电量；每人节约一张纸，汇起来就能保护一片森林……环保，需要我们每一个人。

制定严密的环保规划

不知你们注意到没有，我们正处于环境危机，几乎是四面楚歌的境地。

水源污染触目惊心。我国因污染而不能饮用的地表水占全部监测水体的40%，全国64%的人正在使用受到污染的水源。工业污染日趋严重，“蓝蓝的天上白云飘”的景象越来越少，大气污染还造成酸雨现象。水土流失日趋严重，仅水土流失面积就有367万平方千米，还以每年1万平方千米的速度迅猛发展。“敕勒川、阴山下，天似穹庐、笼盖四野，天苍苍、野茫茫，风吹草低见牛羊”唱尽了塞北草原的广阔雄浑的景色，而1000多年后的今天，由于草原大面积退化和沙化，那种一碧千里、牛羊成群的诱人景色正变成“天苍苍、野茫茫，风吹草低无牛羊”的凄凉景象。

所以说，我们必须对环境保护工作做一系列严密规划部署，为达到预期环境目标作出最佳方案。环境规划是制订国民经济和社会发展规划、国土规划的科学依据，在环境保护和社会经济发展中起着举足轻重的作用。环境规划按区域可分为全国环境保护规划、区域环境规划、城市环境规划、工业区环境规划等；按环境要素可分为水污染、大气污染、废物处理规划和噪声控制等。

目前，保护环境已经刻不容缓，而保护环境的主要目的是提高环境质量，环境质量反映出人类生存、发展及社会经济发展的适宜程度，已经愈来愈引起全社会的关注。环境质量分为大气环境质量、水环境质量、土壤环境质量、生产环境质量等。

如何来判定环境质量的好坏呢？就是要用环境质量标准，即国家为保护人群健康或其他需要，而对环境中污染物或其他物质的容许含量所作的标准与规定。它是衡量环境是否受到污染的尺度，体现了国家的环境保护要求和政策。

它主要有水质量标准、土壤质量标准、生物质量标准、大气质量标准。当然每一大类又可按所控制对象不同分成若干小类。联合国早于1973年1月就成立了环境规划署，根据理事会政策指导，提出联合国环境活动的中期和长期规划，制订活动方案。

联合国环境规划署

1973年1月，作为联合国统筹全世界环保工作的组织，联合国环境规划署正式成立。其宗旨是：促进环境领域内的国际合作，并提出政策建议；在联合国系统内提供指导和协调环境规划总政策，并审查规划的定期报告；审查世界环境状况，以确保可能出现的具有广泛国际影响的环境问题得到各国政府的适当考虑；促进环境知识的取得和情报的交流等。

环境规划署的临时总部设在瑞士日内瓦，后于同年10月迁至肯尼亚首都内罗毕。截止2009年，已有100多个国家参加其活动。在国际社会和各国政府对全球环境状况及世界可持续发展前景愈加深切关注的21世纪，环境规划署的工作受到越来越高度的重视，并且正在发挥着不可替代的关键作用。

划时代的《人类环境宣言》

著名的《人类环境宣言》，是1972年6月在瑞典斯德哥尔摩召开的联合国人类环境会议上通过的。它是保护环境的一个划时代的历史文献，是世界上第一个维护和改善环境的纲领性文件。

《人类环境宣言》的全称是《联合国人类环境会议宣言》，也叫《斯德哥尔摩宣言》。宣言中郑重宣布联合国人类环境会议提出和总结的7个共同观点和26项共同原则。

7个共同的观点是：1. 人是环境的产物，也是环境的塑造者。由于当代科学技术突飞猛进的发展，人类已具有空前规模地改变环境的能力。2. 保护和改善人类环境，关系到各国人民的福利和经济发展，是人民的迫切愿望，是各国政府的责任。3. 人类改变环境的能力，如妥善地加以运用，可为人民带来福利；如运用不当，会造成不可估量的损害。地球上已出现许多日益加剧危害环境的现象，在人为环境，特别是生活、工作环境中，已出现了有害人体健康的重大缺陷。4. 在发展中国家，首先要致力于发展，同时也必须保护和改善环境。在工业发达国家，环境问题是由工业和技术发展产生的。

5. 人口的自然增长不断引起环境问题，要采取适当的方针和措施进行解决。6. 当今历史阶段要求人们在计划行动时，更加谨慎地顾及到将给环境带来的后果。为了在自然界获得自由，人类必须运用知识同自然取得协调，以便建设更良好的环境。7. 为达到这个环境目标，要求每个公民、团体、机关、企业都负起责任，共同创造未来的世界环境。各国政府对大规模的环境政策和行动负有特别重大的责任。

1972 年的第 27 届联合国大会将斯德哥尔摩人类环境会议的开幕日——6 月 5 日定为世界环境日。

世界环境日是全世界环保工作者思考和解决环境问题的重要节日，也是向全世界人民宣传环境保护重要性的宣传日，又是联合国人类环境会议和发布《人类环境宣言》的纪念日。第 27 届联合国大会要求，每年的 6 月 5 日或 6 月 5 日前后，联合国系统和各国政府都要开展各种形式的活动，强调环境保护的重要性。每年的世界环境日都有一个明确的主题。

历年“世界环境日”主题如下：

1974 年：只有一个地球

1975 年：人类居住

1976 年：水——生命的重要源泉

1977 年：关注臭氧层破坏、水土流失、土壤退化和滥伐森林

1978 年：没有破坏的发展

1979 年：为了儿童的未来——没有破坏的发展

1980 年：新的十年，新的挑战——没有破坏的发展

1981 年：保持地下水和人类食物链，防治有毒化学品污染

1982 年：纪念斯德哥尔摩人类环境会议十周年——提高环境意识

1983 年：管理和处置有害废弃物、防治酸雨破坏和提高能源利用率

1984 年：沙漠化

1985 年：青年、人口、环境

1986 年：环境与和平

1987 年：环境与居住

1988 年：保护环境、持续发展、公众参与

1989 年：警惕，全球变暖

1990 年：儿童与环境
1991 年：气候变化——需要全球合作
1992 年：只有一个地球——关心与共享
1993 年：贫穷与环境——摆脱恶性循环
1994 年：一个地球，一个家庭
1995 年：各国人民联合起来，创造更加美好的未来
1996 年：我们的地球，居住地、家园
1997 年：为了地球上的生命
1998 年：为了地球上的生命——拯救我们的海洋
1999 年：拯救地球就是拯救未来！
2000 年：环境千年——行动起来
2001 年：时间万物，生命之网
2002 年：让地球充满生机
2003 年：水——二十亿人生命之所系
2004 年：海洋存亡，匹夫有责
2005 年：营造绿色城市，呵护地球家园！
2006 年：沙漠和沙漠化，莫使荒地变沙漠
2007 年：冰川消融，后果堪忧
2008 年：改变传统观念，推行低碳经济
2009 年：你的星球需要你，联合起来应对气候变化
2010 年：多个物种，一个星球，一个未来
2011 年：森林：大自然为您效劳

开发清洁健康的太阳能

太阳能一般指太阳光的辐射能量。在太阳内部进行的由“氢”聚变成“氦”的原子核反应，不停地释放出巨大的能量，并不断向宇宙空间辐射能量，这种能量就是太阳能。太阳内部的这种核聚变反应，可以维持几十亿至上百亿年的时间。太阳向宇宙空间发射的辐射功率为3.8×10^{23}千瓦的辐射值，其中二十亿分之一到达地球大气层。到达地球大气层的太阳能，30%被大气

层反射，23%被大气层吸收，其余的到达地球表面，其功率为800000亿千瓦，也就是说太阳每秒钟照射到地球上的能量相当于燃烧500万吨煤释放的热量。平均在大气外每平方米面积每分钟接受的能量大约为1367瓦。广义上的太阳能是地球上许多能量的来源，如风能、化学能、水的势能等等。狭义的太阳能则限于太阳辐射能的光热、光电和光化学的直接转换。

太阳能集热管

人类对太阳能的利用有着悠久的历史。我国早在2000多年前的战国时期，就知道利用钢制四面镜聚焦太阳光来点火；利用太阳能来干燥农副产品。发展到现代，太阳能的利用已日益广泛，它包括太阳能的光热利用，太阳能的光电利用和太阳能的光化学利用等。

太阳能发电是一种新兴的可再生能源利用方式。使用太阳电池，通过光电转换把太阳光中包含的能量转化为电能；使用太阳能热水器，利用太阳光的热量加热水，并利用热水发电；利用太阳能进行海水淡化。现在，太阳能的利用还不很普及，利用太阳能发电还存在成本高、转换效率低的问题，但是太阳电池在为人造卫星提供能源方面得到了应用。

太阳能热管的样子很像一个长长的热水瓶胆。热管有一个透明的玻璃管壳，里面有一个能盛装液体或气体的吸收管。两管之间被抽成真空，成为真空夹层，而防止热量散失出去。热管的外玻璃管壳是透明的（而热水瓶胆的外表面镀了一层光亮的水银），而且吸收管的外壁上涂有一层特殊的涂层。这样，当阳光照在热管上，吸收管上的涂层就能大量吸收光能，并将光能转变成热能，从而使吸收管内装的液体或气体的温度升高。

由于热管既能充分采集光能，又具有很好的保温性能，所以它在有风的严冬，或者阳光很弱的情况下，都有着良好的集热性能，而且能提供高达100℃的热水。它比太阳能平板集热器的集热性能好，并具有拆装方便、使用寿命长等优点。

热管可以单个使用，如用在太阳能灶上；也可根据需要，用串联或并联的方法将几十支热管装在一起使用。

热管在美国使用较普遍。在一些工厂、医院、学校和机关的楼房顶上，整齐地排列着一排排热管。有一处屋顶，面积约800平方米，竟排列着8000多支热管，甚为壮观。这些热管在一天之内可以供应大量的工业用热水，并能在一年里连续不断地为它的主人提供所需要的热能。

此外，热管还广泛用于制冷、海水淡化、空调、采暖和太阳能发电等方面，是一种深受人们喜爱的太阳能器具。

风能的开发史及其利用价值

风能是太阳能的一种形式。由于太阳能辐射造成地球各部分受热不均匀，引起大气层中压力不平衡，使空气在水平方向运动形成风，空气运动产生的动能就叫风能。太阳能每年给全球的辐射能约有2%转变为风能，相当于1.14×10^{16}度电力的能量，大约为全世界每年燃烧发电量的3000倍。虽然风能具有储量大、分布广、可再生和无污染等优点，但是风能亦有密度低、能量不稳定和受地形影响等缺点。因此地球上的风能资源不可能全部利用。我国有可利用的风能资源约为2.53×10^{11}瓦，相当于1992年全国发电总装机容量的1.5倍，平均风能密度为100瓦/平方米。

风力发电

人类利用风能已有数千年的历史，埃及、巴比伦和中国等文明古国都是世界上利用风能最早的国家。风帆助航是风能利用最早的形式，直到19世纪，风帆船一直是海上交通运输的主要工具。风力提水是早期风能利用的主要形式，公元前3600年前后古埃及就使用风车提水、灌溉。12世纪初，风车才传入欧洲，在蒸汽机发明前，风车一直是那里的一种重要的动力源。有

"低洼之国"之称的荷兰早就利用风车排水造田、磨面、榨油和锯木等，至今还有数以千计的大风车作为文物保存下来，成为荷兰的象征。19 世纪，当欧洲风车逐渐被蒸汽机取代后，美国却在开发西部地区时使用了数百万台金属制的多叶片现代风车进行提水作业。中国利用风车提水亦有 1700 多年历史，一直到 20 世纪中叶，仅江苏省就有 20 余万台风车用于灌溉、排涝和制盐等。

风力发电是近代风能利用的主要形式。19 世纪末，丹麦开始研制风力发电机（简称风力机），但是一直到 20 世纪 60 年代，虽然工业化国家陆续制造出一些样机，但除充电用的小型风力发电机外，都没有达到商品化的程度。1973 年，石油危机发生以后，人们认识到煤炭、石油等化石燃料资源有限，终究会消耗殆尽，而且燃料燃烧所引起的空气污染和温室效应等环境问题日趋严重。为了保护我们赖以生存的地球，大力开发可再生的清洁能源，如风能、太阳能、海洋能等势在必行。风能利用又重新受到重视，并取得了长足的进步。到 1993 年底，全世界风力发电机装机容量约 300 万千瓦，年发电量 50 亿千瓦时。风力发电已具有与常规能源发电竞争的能力。

将风的动能转化为可利用的其他形式能量（如电能、机械能、热能等）的机械统称为风能转换装置。风力机是最通用的风能转换装置。现代风力机一般由风轮系统、传动系统、能量转换系统、保护系统、控制系统和塔架等组成。

风轮系统是风力机的核心部件，包括叶片和轮毂。风轮叶片类似于飞行器——直升机的旋翼，具有空气动力外形，叶片剖面有如飞机机翼的翼型。从叶根到叶尖，其扭角和弦长有一定的分布规律。当气流（风）流经叶片时，将产生升力和阻力。它们的合力在风轮旋转轴的垂直方向上的分量可以使风轮旋转，并带动传动轴转动，将风的动能转换成传动轴的机械能。

风力机的保护系统和调节系统是保证安全和提高功能的重要部件。风力机调节系统是自动调节风轮运动参数的机构，主要由调向装置和调速装置组成。调向装置的作用是调节风轮旋转平面与气流方向相垂直，使风力机的功率输出最大。小型风力机常用尾舵调向，当风轮旋转轴与气流方向不一致时，作用在尾舵上的空气动力可使风轮旋转平面与气流方向保持一致。中大型风力机常用伺服电机，在风向标和测速电机的控制下，它可以正反转动，调整方向。

调速装置是调节风轮转速的，在风力机工作风速范围内起功率调节作用，在高风速时起保护作用。

塔架用于支撑风力机风轮、机舱等部件，将风轮置于一定高度，利用风的剪切效应，使风轮增加输出功率。例如，在乡间田野上，如果10米高度处的风速为5米/秒，那么在20米和30米高度处的风速就可分别达到5.6米/秒和6米/秒。风轮的输出功率与风速的立方成正比，当一个风轮在5米/秒风速时输出的功率是100千瓦，而在6米/秒风速时就可达到173千瓦。现代风力机在塔架底部安装有专门的电子监控系统，使各部件协调运行，并对故障情况进行监测。

垂直轴式风力机

风力机的形式很多，且各有特点。按风力机额定功率大小，可划分为微型（小于1千瓦）、小型（1～10千瓦）、中型（10～100千瓦）和大型（大于100千瓦）风力机。按照风轮旋转轴形式分，又有水平轴风力机和垂直轴风力机之别。最常见的是水平轴风力机，技术上比较成熟。垂直轴风力机与水平轴风力机相比，优点在于它可以在任意风向情况下运动，不需要调向装置；其次，发电机的位置接近地面，维修方便。垂直轴风力机的风轮有两种，一种是阻力型，常见的有萨冯尼斯风轮，平板式和涡轮式风轮等；另一种是升力型，常见的有Φ形达里厄风轮和直叶片风轮等。垂直轴风力机的缺点是启动和制动性能差。

水平轴风力机按风轮叶片数目又有单叶片、双叶片、三叶片和多叶片几种。水平轴风力机按风轮与风向和塔架的相对位置划分，有上风式和下风式风力机。风先流过风轮再通过塔架的为上风式风力机；风先流过塔架再通过风轮的为下风式风力机，它具有自动对风能力，但气流在塔架后面会形成涡流，使风轮的输出功率下降，称为塔影效应。

人类利用风能按用途分有风帆助航、风力提水、风力发电和风力致热等多种形式，其中风力发电是近代发展的最主要的形式。

尤其是近十年来，风力发电在世界许多国家得到了重视，发展应用很快。应用的方式主要有这么几种：1. 风力独立供电，即风力发电机输出的电能经过蓄电池向负荷供电的运行方式，一般微小型风力发电机多采用这种方式，适用于偏远地区的农村、牧区、海岛等地方使用。当然也有少数风能转换装置是不经过蓄电池直接向负荷供电的。2. 风力并网供电，即风力发电机与电网连接，向电网输送电能的运行方式。这种方式通常为中大型风力发电机所采用，稳妥易行，不需要考虑蓄能问题。3. 风力/柴油供电系统，即一种能量互补的供电方式，将风力发电机和柴油发电机组合在一个系统内向负荷供电。在电网覆盖不到的偏远地区，这种系统可以提供稳定可靠和持续的电能，以达到充分利用风能、节约燃料的目的。4. 风/光系统，即将风力发电机与太阳能电池组成一个联合的供电系统，也是一种能量互补的供电方式。在我国的季风气候区，如果采用这一系统可全年提供比较稳定的电能输出，补充当地的用电不足。

风力提水是早期风能利用的主要形式，至今许多国家特别是发展中国家仍在使用。风帆助航是风能利用的最早形式，现在除了仍在使用传统的风帆船外，还发展了主要用于海上运输的现代大型风帆助航船。1980 年，日本建成了世界上第一艘现代风帆助航船——“新爱德”号，它有两个面积为 12.15 米 ×8 米的矩形硬帆，其剖面为层流翼型，采用现代的空气动力学新技术。据统计，风帆作为船舶的辅助动力，可以减少燃料消耗 10% ~ 15% 。

风力提水

风力致热是近年来开始发展的风能利用形式。它是将风轮旋转轴输出的机械能通过致热器直接转换成热能，用于温室供热、水产养殖和农产品干燥等。致热器有两类：1. 采用直接致热方式，如固体与固体摩擦致热器、搅拌液体致热器、油压阻尼致热器和压缩气体致热器等。2. 采用

间接致热方式，如电阻致热、电涡致热和电解水制氢致热等。目前风力致热技术尚处在示范试验阶段，试验证明直接致热装置的效率要比间接致热装置的效率高，而且系统简单。

季风气候

由于海陆热力性质差异或气压带风带随季节移动而引起的大范围地区的盛行风随季节而改变的现象，称季风气候。季风气候区主要位于欧亚大陆的温带东部，我国东部地区的气候就是典型的季风气候。

季风气候是大陆性气候与海洋性气候的混合型。夏季受来自海洋的暖湿气流的影响，高温、潮湿、多雨，气候具有海洋性。冬季受来自大陆的干冷气流的影响，气候寒冷，干燥少雨，气候具有大陆性。

变废为宝的“垃圾发电”

开发城市垃圾能源，利用城市垃圾发电，化害为利，变废为宝，不仅减少了垃圾对环境的污染，还为解决当今能源匮乏问题开创了新路，是解决日益增多的城市环境污染和日渐短缺的常规能源的一种最佳选择。专家们预言，垃圾发电在21世纪将成为能源市场的新主角之一。

垃圾是人类在生产和生活中遗弃的废料。随着世界经济的发展，人口的急剧增长，工业和生活垃圾越来越多。如美国，每年“生产”城市生活垃圾2.5亿吨，工业垃圾22亿吨。被称为亚洲“垃圾王国”的日本，年“生产”各类垃圾3亿多吨。目前全球每年产生的垃圾总量达450亿吨，人均约8吨。其中，全球每年新增垃圾100多亿吨，递增速度高达8%～10%。如此大量的垃圾资源已成为全球科技界开发的又一新领域。

科学研究表明，在城市垃圾中，蕴藏着大量的二次能源物质——有机可燃物，其含有的可燃物的比例和发热值相当高。如通常城市生活垃圾中的灰渣可燃物占27%；菜类可燃物占23.5%；纸类可燃物占84.4%；塑料可燃物占88%。综合起来，大约2吨垃圾燃烧的热量就相当于1吨煤燃烧时所发出的热量。因此，能源专家认为，一座城市的垃圾，就像一座低品位的“露天矿山”，可以无限期地进行开发。而开发使用最经济有效的方法，就是开发城市垃圾发电。

近年来，利用城市垃圾能源发电，在全球迅速蓬勃发展。目前，美、日、法、英、德、荷兰、意大利等工业发达国家都将垃圾发电列入国家的“议事日程”，投入大量资金和人力，运用现代高科技手段，大规模地开发城市垃圾发电新技术，并使其趋于商业化。目前，全球有800多座形形色色的垃圾电站在运行。1995年，德国有垃圾电厂67座，美国有170多座垃圾电厂；日本目前有垃圾电厂125座，总发电能力450兆瓦，到2010年垃圾电厂将达200座以上，总发电能力10吉瓦（10×10^9 瓦）；英国将有50%以上垃圾用于发电。因此，城市垃圾发电作为一种新能源，开发前景广阔。

美国垃圾热电厂的装机容量为1.27吉瓦（1.27×10^9 瓦），日本为1.25吉瓦，法国为970兆瓦。美国的垃圾热电厂是近年世界上发展最快的。美国投资3.2亿美元于1990年11月运行的埃萨克斯县垃圾热电厂，日处理垃圾2277吨。日本最大的垃圾热电厂——横滨鹤见发电厂，日处理垃圾1200吨，年处理能力34万吨，使用3台高效率的复水式汽轮机，最大发电能力达22兆瓦。

此外，不少国家还积极开展将垃圾制成固体燃料，或用工业垃圾直接燃烧，进行发电。印度在马德拉斯市兴建一座垃圾浓缩燃料电厂，其日处理垃圾燃料60吨，发电能力5兆瓦。英国在苏格兰建成每年可焚烧800万只废旧轮胎的垃圾热电厂，向2.5万户家庭供电。日本在福岛县的岩木建一座以废塑料作燃料的热电厂，日处理废塑料200吨，发电能力25兆千瓦，向1万个家庭供电。

我国垃圾“资源”也十分丰富，全国每年产生垃圾1亿多吨，年增长速度达10%。其中上海市年“生产”垃圾438万吨，北京市每天“生产”垃圾1.3万吨，广州市日人均“生产”垃圾1.1千克。我国垃圾发电工业已经起步，利用城市垃圾发电也已列入各大城市的议事日程，不少大中城市已开展垃圾发电。

当前利用城市垃圾发电，有多种途径。一种是利用城市垃圾填埋制取沼

气，进行发电，而更主要的是将垃圾用焚烧炉燃烧的余热进行发电，再就是将垃圾制成固体燃料直接燃烧进行发电。

利用垃圾“沼气田”发电，可以说是当前技术成熟、投资少、造价低、使用管理方便，备受各发达国家青睐的一种城市垃圾处理途径。因此，目前有 140 多座“垃圾沼气田”发电站在世界各地运行。荷兰 1991 年就已颁布城市垃圾沼气发电计划，并投资 8000 多万美元，建造了几座大型沼气发电厂。荷兰北部威达斯特垃圾沼气田，储有 1500 万吨生活垃圾，每小时可产沼气 5000 立方米，可转化为 4.5 兆瓦的电能，2000 年已经可供荷兰全国 30 多万个家庭的用电量。法国在梅斯举行了“欧洲发酵垃圾开发大会”，提出加快利用垃圾生产沼气发电的计划。芬兰首座垃圾沼气田发电厂在万塔建成投产，已填埋 103 万吨垃圾，在今后 10 年内可生产 3000 万立方米的沼气用于发电。英国目前垃圾沼气田发电能力达 18 兆瓦。英国能源部拟将在 10 年内再投资 1.5 亿英镑兴建一批垃圾沼气田发电厂。而美国伊利诺斯州的垃圾沼气田发电厂，占地 61 公顷，填埋 180 万吨垃圾，发电能力 1600 千瓦，相当于每年用 2.8 万桶石油的发电量。日本在千叶县建成的 4.2 万平方米的垃圾沼气田发电厂，年发电量达 1.1 万千瓦时。

垃圾分类

垃圾可分为可回收再使用和不可回收再使用。从国内外各城市对生活垃圾分类的方法来看，大致都是根据垃圾的成分构成、产生量，结合本地垃圾的资源利用和处理方式来进行分类。如德国一般分为纸、玻璃、金属、塑料等；澳大利亚一般分为可堆肥垃圾，可回收垃圾，不可回收垃圾；日本一般分为可燃垃圾，不可燃垃圾等等。

中国生活垃圾一般可分为四大类：可回收垃圾、厨余垃圾、有害垃圾和其他垃圾。目前常用的垃圾处理方法主要有：综合利用、卫生填埋、焚烧发电、堆肥、资源返还。

可以生产石油的“石油树”

面对全球石油资源日益枯竭的局面，科学家经过大量科学实验，最后得出一个惊人的结论：石油可以种植，从而开启了向植物要石油的伟大实验。

美国有位得过诺贝尔奖的化学家，名叫卡达文。他从花生油、菜籽油、豆油这些可以燃烧的植物油都是从地里种出来这点推论出，石油也应该可以种植。于是，从1978年起，他就决心要将石油种出来，以验证自己的预言。随后，卡达文就到处寻找有可能生产出石油的植物，并着手进行种植试验。

能产石油的植物

有一天，卡达文发现了一种小灌木。他用刀子划破树皮后，一种像橡胶的白色乳汁便流了出来。然后，他对这种乳汁进行化验，发现它的成分和石油很相似，就把这种小灌木叫做“石油树”。

接着，卡达文便忙碌起来，既选种，又育种，还在美国加利福尼亚州试种了约6亩地的“石油树”。结果，一年中竟收获了50吨石油，引起了人们对“种石油”的兴趣。

此后，美国便成立了一个石油植物研究所，专门从事“种石油”的研究试验。这个研究所人员发现，在加利福尼亚州有一种黄鼠草中就含有石油成分，他们从一公顷这种野生杂草中提炼出约一吨的石油来。后来，研究人员

对这种草进行人工培育杂交，提高了草中的石油含量，每公顷可提炼出6吨石油。

在巴西，有一种高达30多米、直径约1米的乔木，只要在这种树身上打个洞，一小时就能流出7千克的石油来。

菲律宾有一种能产石油的胡桃，每年可收获两季。有一位种石油树的能手，种了6棵这样的胡桃树，一年就收获石油300升。

人们不仅在陆地上“种”石油，而且还扩大到海洋上去“种”石油，因为大海里的收获量更大。

美国能源部和太阳能研究所利用生长在美国西海岸的巨型海藻，已成功地提炼出优质的“柴油”。据统计，每平方米海面平均每天可采收50克海藻，海藻中类脂物含量达6%，每年可提炼出燃料油150升以上。

加拿大科学家对海上“种”石油也产生了兴趣，并进行了成功的试验。他们在一些生长很快的海藻上放入特殊的细菌，经过化学方法处理后，便生长出了“石油”。这和细菌在漫长的岁月中分解生物体中的有机物质而形成石油的过程基本相似，但科学家只用几个星期的时间就代替了几百万年的漫长时光。

英国科学家更为独特，他们不是种海藻提炼石油，而是利用海藻直接发电，而且已研制成一套功率为25千瓦的海藻发电系统。研究海藻发电的科学家们将干燥后的海藻碾磨成直径约50微米的细小颗粒，再将小颗粒加压到300千帕，变成类似普通燃料的雾状剂，最后送到特别的发电机组中，就可发出电来。

目前，一些国家的科学家正在海洋上建造“海藻园”新能源基地，利用生物工程技术进行人工种植栽培，形成大面积的海藻养殖，以满足海藻发电的需要。

利用海藻代替石油发电，具有两个优点：1. 海藻在燃烧过程中产生的二氧化碳，可通过光合作用再循环用于海藻的生长，因而不会向空中释放产生温室效应的气体，有利于保护环境。2. 海藻发电的成本比核能发电便宜得多，基本上与用煤炭、石油发电的成本相当。据计算，如果用一块56平方千米的“海藻园”种植海藻，其产生的电力即可满足英国全国的供电需要。这是因为海藻储备的有机物约等于陆地植物的4~5倍。由此可以看出，利用海藻发电具有诱人的发展前景。

当前，各国科学家都在积极地进行海藻培植，并将海藻精炼成类似汽油、柴油等液体燃料用于发电，从而开辟了向植物要能源的新途径。

产品上的“环境标志”

环境标志又称为绿色标志或生态标志，它是对产品的环境性能的一种带有公证性质的鉴定，亦是对一种产品相对于同类型的其他产品的全面的产品环境质量评价。具体地说，它是指一种印在产品或其包装上的图形，用以表明该产品的生产、使用及处理过程符合环境保护要求，对环境无害或危害极小，有利于资源的再生利用。

环境标志，作为市场营销环节的一种环境管理措施，最近几年世界上已有不少国家相继实行。随着人们环保意识的加强，越来越多的消费者能够接受环境标志制度。据调查表明，40%的欧洲人喜欢购买带有环境标志的产品。

通常情况下环境标志可分为两类：一类称之为环境营销标志，这种标志大部分是由制造商、百货商店、连锁零售店自行设计使用的，贴上这种标志的产品具有特定的环境品质和质量。在某些情况下，为了给予消费者更高的信任度，保证消费者获得更准确的环境信息，该标志还标明是由某个研究标志机构所认定。另一类通常称之为生态标签，即是一般意义上的环境标志。它一般由政府资助的标志机构和私人独立的标志机构所颁发。产品的生产商达到该机构所认定的有关产品标准，才能获取生态标签；或供应商必须经过申请，经检验达到该机构所认定的有关产品标准，才能获取生态标签。这种环境标志，与环境营销标志最大的区别在于它是由生态标签机构通过认定向制造商或供应商颁发的，而不是制造商自行设计的。

环境标志一般由产品的生产者自愿提出申请，由权威机关（政府部门、非政府组织或公众团体）授予。标志受法律保护，但申请与否法律并未规定，它具有指导性而不是强制性。它也不是一种奖惩措施，而是一种软的市场手段，为产品生产者提供一个在市场上有竞争优势的资格。环境标志授予的对象是产品本身，而不是该产品的生产厂家。

保护生物多样性，每个人都在努力

生物多样性是指：1. 生态系统多样性，如森林、草原、湿地、农田等；2. 物种多样性，即自然界有上千万种生物，是丰富多彩的；3. 遗传多样性，即基因多样性，是指在同一种类中，又有不同的个体或品种，我国是最早的国际生物多样性公约缔约国之一。

不猎捕和饲养野生动物——保护脆弱的生物链

我国已建立400多处珍稀植物迁地保护繁育基地、100多处植物园及近800个自然保护区。我国于1988年发布《国家重点保护野生动物名录》，列入陆生野生动物300多种，其中国家一级保护野生动物有大熊猫、金丝猴、长臂猿、丹顶鹤等约90种；国家二级保护野生动物有小熊猫、穿山甲、黑熊、天鹅、鹦鹉230种。

制止偷猎和买卖野生动物的行为——行使你神圣的权利

《中华人民共和国野生动物保护法》规定：禁止出售、收购国家重点保护野生动物或者产品。商业部规定，禁止收购和以任何形式买卖国家重点保护动物及其产品（包括死体、毛皮、羽毛、内脏、血、骨、肉、角、卵、精液、胚胎、标本、药用部分等）。我国也是《濒危野生动植物种国际贸易公约》的成员国之一。

做动物的朋友——善待生命，与万物共存

为挽救野生动物，一些人捐钱“认养”自然保护区中的指定动物，并像看望亲属一样去定期看望它们。北京部分大学生假期到云南动员当地人保护原始森林和栖息于那里的珍稀动物滇金丝猴。很多人常去濒危动物保护中心，吊唁已灭绝的野生动物。在美国，一些孩子像对待朋友一样给动物园的动物过生日。一位世界著名歌手在海上举办了一次特殊的音乐会，听众是海里那些濒临灭绝的鲸。

不买珍稀木材用具——别摧毁热带雨林

资料表明，大约1万年以前，地球有62亿公顷的森林，覆盖着近1/2的

陆地，而现在只剩28亿公顷了。全球的热带雨林正以每年1700万公顷的速度减少着，等于每分钟失去一块足球场大小的森林。照此下去，用不了多少年，世界热带森林资源就可能被毁坏殆尽。

植树护林——与荒漠化抗争

森林的消失意味着大面积的水土流失和荒漠化的加速。目前全球有100多国家，9亿人口和25%的陆地受到荒漠化威胁，每年因荒漠化造成的直接经济损失达400多亿美元。我国受荒漠化影响的地区超过国土总面积的1/3，生活在荒漠地区和受荒漠影响的人口近4亿，每年因荒漠化危害造成的经济损失高达540亿元以上。

领养树——做绿林卫士

印度加尔各答农业大学德斯教授对一棵树的生态价值进行了计算：一棵50年树龄的树，产生氧气的价值约为3.12万美元；吸收有毒气体、防止大气污染价值约为6.25万美元；增加土壤肥力价值约为3.12万美元；涵养水源价值约为3.75万美元；为鸟类及其他动物提供繁衍场所价值约为3.125万美元；产生蛋白质价值约为2500美元。除去花、果实和木材价值，总计创值约19.6万美元。

无污染旅游——除了脚印，什么也别留下

国际上已把对环境与自然生态总资源的核算作为衡量一个国家的富裕程度的内容之一。联合国公布的世界各国人均财富的报告中，澳大利亚的经济富裕程度虽然不及美、日等国，却因拥有丰富的自然生态资源而被排名为人均财富第一，我国被列为第163位。

做环保志愿者——拯救地球，匹夫有责

做一个环境志愿者已成为一种国际性潮流。据报道，美国18岁以上的公民中有49%的人做过义务工作，每人平均每周义务工作4.2小时。在日本及欧洲各国，做环保志愿者也是公民普遍的常规行动。在我国，做环保志愿者也日益成为风尚。各地公民自愿去内蒙古恩格贝沙漠植树；深圳市民自发到长江源头建自然保护站；北京的大学生周末去社区进行垃圾分类宣传；西安

有“妈妈环保志愿者活动日”；吉林志愿者多次组织大规模环保公益活动……这些行动影响着更多的人，环保志愿者的队伍正在不断扩大。

热带雨林

一般认为热带雨林是指阴凉、潮湿多雨、高温、结构层次不明显、层外植物丰富的乔木植物群落。热带雨林主要分布于赤道南北纬5～10度以内的热带气候地区。这里全年高温多雨，无明显的季节区别，年平均温度25℃～30℃，最冷月的平均温度也在18℃以上，极端最高温度多数在36℃以下。年降水量通常超过2000mm，有的竟达6000mm，全年雨量分配均匀，常年湿润，空气相对湿度90%以上。

热带雨林是全球最大的生物基因库，也是碳素生物循环转化和储存的巨大活动库，被誉为“地球基因库”、“地球之肺”等。由于人类的滥砍滥伐，热带雨林急剧减少，雨林的保护已成为当前最紧迫的生态问题之一。

保护环境的自然保护区

自然保护区面积占国土总面积的比例，是衡量一个国家自然保护事业发展水平和科学文化进步的标尺。

自然保护区是指一个国家为保护自然环境和自然资源，对具有一定代表性的自然环境和生态系统、珍稀动植物栖息地、重要自然历史遗迹及重要水源地带等划出界线，加以保护的自然地域。它包括生态保护区、生物圈保护区、特定自然对象保护区；国家公园、自然公园、森林公园、海洋公园；禁伐区、禁渔区、禁猎区；冰川遗迹、温泉、化石群等。

自然保护包括自然环境和自然资源的保护。它的具体内容有：1. 保护基本上处在原始状态或受人类活动影响较少的生态系统，如我国吉林长白山温带山地生态系统自然保护区；2. 保护、恢复受人类破坏，但具有一定代表性的自然生态系统，如云南西双版纳自然保护区；3. 保护具有特殊价值的生态

东寨港红树林自然保护区

系统，如珍稀动物、文物古迹、化石产地等。

建立自然保护区，在世界上已有100多年的历史。1872年，美国建立了世界上第一个自然保护区——黄石公园。1948年，国际自然保护联合会成立。从此之后，各种各样的自然保护区在世界范围内不断建立。现在，自然保护区面积占国土总面积10%以上的有日本、美国、德国、肯尼亚等国。

我国从1956年开始在全国范围内划定自然保护区，自1956年我国第一个自然保护区——广东鼎湖山自然保护区建立以来，全国自然保护区事业呈现迅速发展的良好势头。截至2004年底，全国共建立各种类型、不同级别的自然保护区2194个，其中国家级226个，省级733个，地市级396个，县级839个。自然保护区总面积为14822.6万公顷，占陆地国土面积的14.8%。其中，有14个自然保护区列入世界自然遗产，26个自然保护区加入联合国教科文组织“国际人与生物圈保护区网络”，27个自然保护区列入“国际重要湿地名录”。

在我国的自然保护区中，面积最大的是新疆阿尔金山自然保护区，面积为4.5万平方千米；第一个大熊猫保护区是四川王朗自然保护区；第一个水源保护区是云南松华坝水源水系保护区；唯一的特殊地质地貌保护区是黑龙江五大连池自然保护区，人们称为“火山自然博物馆”。

自然保护区能完整地保存自然环境的本来面目，是动植物及微生物物种的天然贮存库，能使自然资源得到保护、繁殖、引种、发展，并对保持水土、涵养水源、维护生态平衡起着重要作用。自然保护区对促进生产、教育、医疗、科研等事业的发展都有重要意义。我国长白山自然保护区内有成千上万的物种，生长在其中的红松林就好像一座水库，把雨水涵蓄在土壤中，即使连续下暴雨2个小时，降雨量达100毫米，也不会造成水分流失。又因为保

护区内有上百种天然医生——益鸟益虫，所以大片的松树、杉树、杨树、桦树很少受到虫害。

红树林与生态

红树林是指生长在热带、亚热带低能海岸潮间带上部，受周期性潮水浸淹，以红树植物为主体的常绿灌木或乔木组成的潮滩湿地木本生物群落。它生长于陆地与海洋交界带的滩涂浅滩，是陆地向海洋过度的特殊生态系。

红树林在维护生态平衡方面具有很大的作用。它不仅为海洋动物提供良好的生长发育环境，还是候鸟的越冬场和迁徙中转站，更是各种海鸟的觅食栖息、生产繁殖的场所。红树林另一重要的生态效益是它的防风消浪、促淤保滩、固岸护堤、净化海水和空气等功能。盘根错节的发达根系能有效地滞留陆地来沙，减少近岸海域的含沙量；茂密高大的枝体宛如一道道绿色长城，有效抵御风浪袭击。

世界环保行动与纪念日

国际湿地日

2 月 2 日为国际湿地日。根据 1971 年在伊朗拉姆萨尔签订的《关于特别是作为水禽栖息地的国际重要湿地公约》，湿地是指“长久或暂时性沼泽地、泥炭地或水域地带，带有静止或流动、或为淡水、半咸水、咸水体，包括低潮时不超过 6 米的水域”。湿地对于保护生物多样性，特别是禽类的生息和迁徙有重要的作用。

世界水日

1993 年 1 月 18 日，第四十七届联合国大会做出决议，确定每年的 3 月 22 日为“世界水日”。决议提请各国政府根据各自的国情，在这一天开展一些具

体的活动，以提高公众的节水意识。从 1994 年开始，我国政府把每年的 3 月 22～28 日改为“中国水周”，使宣传活动更加突出“世界水日”的主题。

世界气象日

1960 年，世界气象组织把 3 月 23 日定为“世界气象日”，以提高公众对气象问题的关注。

地球日

1969 年，美国威斯康星州参议员盖洛德纳尔逊提议，在美国各大学校园内举办环保问题的讲演会。不久，美国哈佛大学法学院的学生丹尼斯海斯将纳尔逊的提议扩展为在全美举办大规模的社区环保活动，并选定 1970 年 4 月 22 日为第一个“地球日”。当天，美国有 2000 多万人，包括国会议员、各阶层人士，参加了这次规模盛大的环保活动。在全国各地，人们高呼着保护环境的口号，在街头和校园进行游行、集会、演讲和宣传。随后，影响日渐扩大并超出美国国界，得到了世界许多国家的积极响应，最终形成世界性的环境保护运动。4 月 22 日也日渐成为全球性的“地球日”。每年的这一天，世界各地都要开展形式多样的群众环保活动。

世界无烟日

1987 年，世界卫生组织把 5 月 31 日定为“世界无烟日”，以提醒人们重视香烟对人类健康的危害。

世界防治荒漠化和干旱日

由于日益严重的全球荒漠化问题不断威胁着人类的生存，从 1995 年起，每年的 6 月 17 日被定为“世界防治荒漠化和干旱日”。

世界人口日

1987 年 7 月 11 日，以一个南斯拉夫婴儿的诞生为标志，世界人口突破 50 亿。1990 年，联合国把每年的 7 月 11 日定为“世界人口日”。

国际保护臭氧层日

1987 年 9 月 16 日，46 个国家在加拿大蒙特利尔签署了《关于消耗臭氧层物质的蒙特利尔议定书》，开始采取保护臭氧层的具体行动。联合国设立这一纪念日旨在唤起人们保护臭氧层的意识，并采取协调一致的行动以保护地球环境和人类的健康。

世界动物日

意大利传教士圣·弗朗西斯曾在 100 多年前倡导在 10 月 4 日“向献爱心给人类的动物们致谢”。为了纪念他，人们把 10 月 4 日定为“世界动物日”。

世界粮食日

全世界的粮食正随着人口的飞速增长而变得越来越供不应求。从 1981 年起，每年的 10 月 16 日被定为“世界粮食日”。

国际生物多样性日

《生物多样性公约》于 1993 年 12 月 29 日正式生效。为纪念这一有意义的日子，联合国大会通过决议，从 1995 年起每年的 12 月 29 日为“国际生物多样性日”。2001 年 5 月 17 日，根据第 55 届联合国大会第 201 号决议，国际生物多样性日改为每年 5 月 22 日。

环境保护，从每个人做起

节水为荣

我国是世界上 12 个贫水国家之一，淡水资源还不到世界人均水量的 1/4。全国 600 多个城市半数以上缺水，其中 108 个城市严重缺水。地表水资源的稀缺造成对地下水的过量开采。50 年代，北京的水井在地表下约 5 米处就能打出水来，现北京 4 万口井平均深达 49 米，地下水资源已近枯竭。

我国的节水标志

保护水源就是爱护生命

据环境监测，全国每天约有1亿吨污水直接排入水体。全国七大水系中一半以上河段水质受到污染。35个重点湖泊中，有17个被严重污染，全国1/3的水体不适于灌溉。90%以上的城市水域污染严重，50%以上城镇的水源不符合饮用水标准，40%的水源已不能饮用，南方城市总缺水量的60%～70%是由于水源污染造成的。

一水多用

地球表面的70%是被水覆盖着的，约有14亿千立方米的水量，其中96.5%是海水。剩下的虽是淡水，但其中1/2以上是冰，江河湖泊等可直接利用的水资源仅占整个水量的0.003%左右。

慎用清洁剂

大多数洗涤剂都是化学产品，洗涤剂含量大的废水大量排放到江河里，会使水质恶化。长期不当的使用清洁剂，会损伤人的中枢系统，使人的智力发育受阻，思维能力、分析能力降低，严重的还会出现精神障碍。清洁剂残留在衣服上，会刺激皮肤发生过敏性皮炎，长期使用浓度较高的清洁剂，清洁剂中的致癌物就会从皮肤、口腔处进入人体内，损害健康。

别忘了你时刻都在呼吸

全球大气监测网的监测结果表明，北京、沈阳、西安、上海、广州这5座城市的大气中总悬浮颗粒物日均浓度分别在每立方米200～500微克，超过世界卫生组织标准3～9倍，被列入世界十大污染城市之中。

省一度电，少一份污染

我国是以火力发电为主、煤为主要能源的国家。煤在一次性能源结构中

占70%以上。如按常规方式发展，要达到发达国家的水平，至少需要100亿吨煤当量的能源消耗，这相当于全球能源消耗的总和。煤炭燃烧时会释放出大量的有害气体，严重污染大气，并形成酸雨和造成温室效应。

节用电器

大量的煤、天然气和石油燃料被用在工业、商业、住房和交通上。这些燃料燃烧时产生的过量二氧化碳就像玻璃罩一样，阻断地面热量向外层空间散发，将热气滞留在大气中，形成“温室效应”。“温室效应”使全球气象变异，产生灾难性干旱和洪涝，并使南北极冰山融化，导致海平面上升。科学家们估计，如果气候变暖的趋势继续下去，海拔较低的孟加拉、荷兰、埃及、中国低洼三角洲等地及若干岛屿国家将面临被海水吞没的危险。

降低能源消耗

煤炭等燃料在燃烧时以气体形式排出碳和氮的氧化物，这些氧化物与空气中的水蒸气结合后形成高腐蚀性的硫酸和硝酸，又与雨、雪、雾一起回落到地面，这就是被称做“空中死神”的酸雨。全球已有三大酸雨区：美国和加拿大地区、北欧地区、中国南方地区。酸雨不仅能强烈地腐蚀建筑物，还使土壤酸化，导致树木枯死，农作物减产，湖泊水质变酸，鱼虾死亡。我国因大量使用煤炭燃料，每年由于酸雨污染造成的经济损失达200亿元左右。目前，我国酸雨区的降水酸度仍在升高，面积仍在扩大。

人人都用节能灯

“中国绿色照明工程”是我国节能重点之一。全国将推广节能高效照明灯具，这样可节省相应的电厂燃煤，减少二氧化硫、氮氧化物、粉尘、灰渣及二氧化碳的排放。

利用可再生资源

人类目前使用的能源90%是石油、天然气和煤，这些燃料的形成过程需要亿万年，是不可再生的资源。太阳能、风能、潮汐能、地热能则是可再生的，被称为可再生能源。人们把那些不污染环境的能源称为“清洁能源”。

以乘坐公共交通车为荣

我国首都北京有近 120 万辆机动车，仅为东京和纽约等城市机动车拥有量的 1/6。但是每辆车排放的污染物浓度却比国外同类机动车高 3 ~ 10 倍。北京大气中有 73% 的碳氢化合物、63% 的一氧化碳、37% 的氮氧化物来自于机动车的排放污染。因此，提倡市民外出乘坐公交车。

保护大气，始于足下

在欧洲，很多人为了减少因驾车带来的空气污染而愿意骑自行车上班，这样的人被视为环保卫士而受到尊敬。美国的报纸经常动员人们去超级市场购物时，尽量多买一些必需品，减少去超市的次数，以便节省汽油，同时减少空气污染。颇有影响的美国自行车协会一直呼吁政府在建公路时修自行车道。在德国，很多家庭喜欢和近邻用同一辆轿车外出，以减少汽车尾气的排放。为洁净城市空气，伊朗首都德黑兰规定了“无私车日”。在这一天，伊朗总统也和市民一道乘公共汽车上班。在我国上海，一些公司职员经常合乘一辆出租车，名曰“拼打”。

减少尾气排放

《中华人民共和国大气污染防治法》规定：机动车、船向大气排放污染物不得超过规定的排放标准，对超过规定的排放标准的机动车、船，应当采取治理措施，污染物排放超过国家规定的排放标准的汽车，不得制造、销售或者进口。

用无铅汽油

使用含铅汽油的汽车会通过尾气排放出铅。这些铅粒随呼吸进入人体后，会伤害人的神经系统，还会积存在人的骨骼中；如落在土壤或河流中，会被各种动植物吸收而进入人类的食物链。铅在人体中积蓄到一定程度，会使人得贫血、肝炎、肺炎、肺气肿、心绞痛、神经衰弱等多种疾病。

珍惜纸张

纸张需求量的猛增是木材消费增长的原因之一，全国年造纸消耗木材1000万立方米，进口木浆130多万吨，进口纸张400多万吨。这要砍伐多少树木啊！纸张的大量消费不仅造成森林毁坏，而且因生产纸浆排放污水使江河湖泊受到严重污染（造纸行业所造成的污染占整个水域污染的30%以上）。

使用再生纸

我国的森林覆盖率只有世界平均值的1/4。据统计，我国森林在10年间锐减了23%，可伐蓄积量减少了50%。云南西双版纳的天然森林，自20世纪50年代以来，每年以约1.6万公顷的速度消失着。当时55%的原始森林覆盖面积现已减少了1/2。

减卡救树

礼节繁多的日本人近年来也在改变大量赠送贺年卡的习惯。一些大公司登广告声明不再以邮寄贺年卡表示问候。我国的大学生组织了“减卡救树”的活动，提倡把买贺卡的钱省下来种树，保护大自然。

粮食警戒线

我国有1.3亿多公顷耕地，占世界耕地的7%。人均耕地却不及世界人均值的47%，东部600多个县（区）人均耕地低于联合国粮农组织确定的0.05公顷的警戒线。

控制噪声污染

噪声会干扰居民的正常生活，也会对人的听力造成损害。噪声对人的神经系统和心血管系统等有明显影响。长期接触噪声的人，会产生头痛、脑涨、心慌、记忆力衰退和乏力等症状。噪声还会影响消化系统，可以导致冠心病和动脉硬化。

维护安宁环境

德国规定，在室内使用音响设备时，音量以室内能听清为标准。美国法律规定要在学校中设置有关噪声的课程。英国规定，广告宣传、娱乐和商业活动不得使用音响设备，夜间不得在公共场所使用音响设备。日本规定要控制餐饮业夜间作业产生的噪声和使用音响设备进行宣传产生的噪声，车辆不得产生影响他人的、不必要的噪声，禁止汽车不必要的空转。

认“环境标志”

已被中国绿色标志认证委员会认证的环保产品有低氟家用制冷器具、无氟发用摩丝和定型发胶、无铅汽油、无镉汞铅充电电池、无磷织物洗涤剂、低噪声洗衣机、节能荧光灯等。这些环境标志产品上贴有“中国环境标志”的标记，该标志图形的中心结构是青山、绿水、太阳，表示人类赖以生存的环境，外围的10个环表示公众共同参与保护环境。

用无氟制品

氟利昂中的氯原子对臭氧层有极大的破坏作用，它能分解吸收紫外线的臭氧，使臭氧层变薄。强烈的紫外线照射会损害人和动物的免疫功能，诱发皮肤癌和白内障，会破坏地球上的生态系统。1994年，人们在南极观测到了迄今为止最大的臭氧层空洞，它的面积有2400平方千米。据有关资料表明，位于南极臭氧层边缘的智利南部已经出现了农作物受损和牧场动物失明的情况。北极上空的臭氧层也在变薄。目前，最早使用CFC（氟利昂是CFC物质中的一类）的24个发达国家已签署了限制使用CFC的《蒙特利尔议定书》，1990年的修订案将发达国家禁止使用CFC的时间定位在2000年。1993年2月，中国政府批准了《中国消耗臭氧层物质逐步淘汰方案》，确定在2010年完全淘汰消耗臭氧层物质。

选无磷洗衣粉

我国生产的洗衣粉大都含磷。我国年产洗衣粉200万吨，按平均15%的含磷量计算，每年就有7万多吨的磷排放到地表水中，给河流湖泊带来很大

的影响。据调查，滇池、洱海、玄武湖的总含磷水平都相当高，昆明的生活污水中洗衣粉带入的磷超过磷负荷总量的50%。大量的含磷污水进入水体后，会引起水中藻类疯长，使水体发生富营养化，水中含氧量下降，水中生物因缺氧而死亡。水体也由此成为死水、臭水。

买环保电池

我们日常使用的电池是靠化学作用，通俗地讲就是靠腐蚀作用产生电能的。而其腐蚀物中含有大量的重金属污染物——镉、汞、锰等。当其被废弃在自然界时，这些有毒物质便慢慢从电池中溢出，进入土壤或水源，再通过农作物进入人的食物链。这些有毒物质在人体内会长期积蓄难以排除，损害神经系统、造血功能、肾脏和骨骼，有的还能够致癌。电池可以说是生产多少，废弃多少；集中生产，分散污染；短时使用，长期污染。

选绿色包装

北京年产垃圾430万吨，日产垃圾1.2万吨，人均每天扔出垃圾约1千克，相当于每年堆起两座景山。我国目前垃圾的产生量是1989年的4倍，其中很大一部分是过度包装造成的。不少商品特别是化妆品、保健品的包装费用已占到成本的30%～50%。过度包装不仅造成了巨大的浪费，也加重了消费者的经济负担，同时还增加了垃圾量，污染了环境。

生态环境

认绿色食品

目前，全国有绿色食品生产企业300多家，按照绿色食品标准开发生产的绿色食品达700多种，产品涉及饮料、酒类、果品、乳制品、谷类、养殖类等各个食品门类。其他一些绿色食品，如全麦面包、新鲜的五谷杂粮、豆类、菇类等对人体健康也很有益处。

少用一次性制品

那些“用了就扔”的塑料袋不仅造成了资源的巨大浪费，而且使垃圾量剧增。我国每年塑料废弃量为 100 多万吨，北京市如果按平均每人每天消费一个塑料袋计算，每个袋重 4 克，每天就要扔掉 4.4 克聚乙烯膜，仅原料就扔掉近 4 万元。如果把这些塑料铺开的话，每人每年弃置的塑料薄膜面积达 240 平方米，北京 1000 万人每年弃置的塑料袋是市区建筑面积的 2 倍。

自备购物袋

在德国，很多人买东西时，习惯提着布兜子，或直接将货物装到车上，不用塑料袋。一些家庭主妇为了少用塑料袋而挎着硕大的藤篮上街购物。德国的旅馆也不提供一次性的牙刷、牙膏、梳子、拖鞋。饭店里都使用不锈钢刀叉，高温消毒后再重复使用。

自备餐盒

环境保护浪潮使生产一次性产品的行业正在走下坡路，很多国家在开发生产可降解塑料，使其在使用过后能够在自然界中降解；有的国家已淘汰塑料包装，而用特种纸包装代替。还有很多国家提倡包装物的重复使用和再生处理。丹麦、德国规定，装饮料的玻璃瓶使用后经过消毒处理可多次重复使用；瑞典一家最大的乳制品厂推出一种可以重复使用 75 次的玻璃奶瓶；一些发达国家把制造木杆铅笔视为“夕阳工业”，开始生产自动铅笔。

少用一次性筷子

一次性筷子是日本人发明的。日本的森林覆盖率高达 65%，但他们却不砍伐自己国土上的树木来做一次性筷子，全靠进口。我国的森林覆盖率不到 14%，却是出口一次性筷子的大国。我国北方的一次性筷子产业每年向日本和韩国出口的一次性木筷子，要减少森林蓄积 200 万立方米。

旧物巧利用

全球性的生态危机使人们不得不考虑放弃“牧童经济”，而接受“宇宙飞

船经济”观念。前者把自然界当做随意放牧、随意扔弃废物的场所；后者则非常珍惜有限的空间和资源，就像宇宙飞船上的生活一样，周而复始，循环不已地利用各种物质。

回收废塑料

不少废塑料可以还原为再生塑料，而所有的废塑料——废餐盒、食品袋、编织袋、软包装盒等都可以回炼为燃油。1 吨废塑料至少能回炼 600 千克汽油和柴油，难怪有人称回收旧塑料为开发“第二油田”。

回收废纸

回收 1 吨废纸能生产好纸 800 千克，可以少砍 17 棵大树，节省 3 立方米的垃圾填埋场空间，还可以节约一半以上的造纸能源，减少 35% 的水污染，每张纸至少可以回收两次。办公用纸、旧信封信纸、笔记本、书籍、报纸、广告宣传纸、货物包装纸、纸箱纸盒、纸餐具等在第一次回收后，可再造纸印制成书籍、稿纸、名片、便条纸等。第二次回收后，还可制成卫生纸。

回收生物垃圾

垃圾混装是把垃圾当成废物，而垃圾分装是把垃圾当成资源；混装的垃圾被送到填埋场，侵占了大量的土地，分装的垃圾被分送到各个回收再造部门，不占用土地；混装垃圾无论是填埋还是焚烧都会污染土地和大气，而分装垃圾则会促进无害化处理；混装垃圾增加环卫和环保部门的劳作，分装垃圾只需我们的举手之劳。

回收各种废弃物

北京的生活垃圾中，每天约有 180 吨废金属可回收。铝制易拉罐再制铝，比用铝土提取铝少消耗 71% 的能量，减少 95% 的空气污染；废玻璃再造玻璃，不仅可节约石英砂、纯碱、长石粉、煤炭，还可节电，减少大约 32% 的能量消耗，减少 20% 的空气污染和 50% 的水污染。回收一个玻璃瓶节省的能量，可使灯泡发亮 4 小时。

拒食野生动物

在恐龙时代，平均每1000年才有一种动物绝种；20世纪以前，地球上大约每4年有一种动物绝种；现在每年约有4万种生物绝迹。近150年来，鸟类灭绝了80种；近50年来，兽类灭绝了近40种。近100年来，物种灭绝的速度超出其自然灭绝率的1000倍，而且这种速度仍有增无减。